个体赋能

终身成长的九项修炼
员工"自主创造价值"

李春蕾/主编

中华工商联合出版社

图书在版编目（CIP）数据

个体赋能：终身成长的九项修炼 / 李春蕾主编． -- 北京：中华工商联合出版社，2020.9

ISBN 978-7-5158-2803-9

Ⅰ．①个… Ⅱ．①李… Ⅲ．①成功心理—通俗读物 Ⅳ．① B848.4-49

中国版本图书馆 CIP 数据核字（2020）第 142415 号

个体赋能：终身成长的九项修炼

作　　者：	李春蕾
出 品 人：	李　梁
责任编辑：	于建廷　臧赞杰
装帧设计：	周　源
责任审读：	傅德华
责任印制：	迈致红
出版发行：	中华工商联合出版社有限责任公司
印　　刷：	北京毅峰迅捷印刷有限公司
版　　次：	2020 年 10 月第 1 版
印　　次：	2020 年 10 月第 1 次印刷
开　　本：	710mm×1000 mm　1/16
字　　数：	220 千字
印　　张：	14.75
书　　号：	ISBN 978-7-5158-2803-9
定　　价：	36.00 元

服务热线：010-58301130-0（前台）
销售热线：010-58302977（网店部）
　　　　　010-58302166（门店部）
　　　　　010-58302837（馆配部、新媒体部）
　　　　　010-58302813（团购部）
地址邮编：北京市西城区西环广场 A 座
　　　　　19-20 层，100044
http://www.chgslcbs.cn
投稿热线：010-58302907（总编室）
投稿邮箱：1621239583@qq.com

工商联版图书
版权所有　盗版必究

凡本社图书出现印装质量问题，请与印务部联系。
联系电话：010-58302915

▶▶▶ 前 言 ◀◀◀

前不久，朋友的公司来了一名实习助理。朋友说，第一次见面就觉得他身上少了点什么，可因为是熟人介绍来的，也就没多说什么。果然，没过几天就出状况了。

当时公司正在做活动，有个文件需要实习助理送一下，可没想到，他去了三个多小时还没回来。原来是她不认识路，既不会用地图软件，也不好意思打电话求助同事，只能茫然地在大街上徘徊。

主管每天都在为此生气，说他就像个"木偶人"，越是不会做，越是一句话不说，真是把人急死。不得已，在实习期结束后，朋友只能冒着得罪熟人的风险，找了一个理由让这位实习生离开了公司。

听他说起这件事时，我觉得那个实习生挺可怜的，可也想到这恐怕不是个案。

在以往的工作中，我也接触过许多勤奋努力、不迟到不早退，却一直在原地踏步的员工。我不禁开始思考：身在职场，究竟要具备什么样的能力，才能有所发展？或者说，到底该具备怎样的能力，才能脱颖而出，得到上司、老板的认可与赏识呢？

我想，这不是一两句话可以讲清楚的事。

离开白色的象牙塔成为职员，能否适应角色的转变，决定了一个人能不能融入一个企业；踏上工作岗位后，有没有明确的职业规划，是不是清楚工作的意义，是不是善于学习新的知识，直接决定着个人的核心竞争力；面对棘手的任务、高强度的工作，能不能战胜自我、承受压力，预示着你能否成为有价值的员工；即使你晋升到了中层，如何保证能在这个位置上赢得人心、干出业绩、更胜一筹？

这一切，都在考验着个人的能力！与此同时，你也要明白，无论身在哪个岗位，老板都不可能时刻提醒你要去学习什么技能、提升什么能力，他要的是结果！职场发展的关键，始终要靠自己去努力争取。

我从诸多的职场人应该具备的技能中，精心总结出9种必备的能力，其中包括对工作的认知、对环境的适应、对责任的担当，也涵盖了沟通的技巧、创新的方向、学习的坚持，为工作赋能。我相信，无论是职场新人还是正处于职业迷茫期的忠告层，都能从中找到令自己精神一振的火花。

最后，祝愿每一位职场人，都能如愿以偿，获得成功！

▶▶▶ 目 录 ◀◀◀

第一章

认知力：自知方能自胜

人生一定要有导航图	002
知道什么位置适合自己	006
心中有怎样的未来，脚下就有怎样的路	009
工作是为了自己	013
人生"三道门"	016
没有危机感就是最大的危机	021

第二章

适应力：不适合但能适应

永远不要让工作去适应你	028
有一双善于发现快乐的眼睛	032
平凡中发现不寻常的力量	036
跳出倦怠，发掘乐趣	039
应对挫折有方法	043
主动更新自己	047
无惧"黑天鹅"	051

第三章
执行力：一流行动产出一流结果

行动出行家	056
打造百分之百的执行力	059
激情实现梦想	063
方法总比困难多	067
成功只会拖而不得	071
做好才是执行到位	075
做分外事，得分内果	078

第四章
沟通力：拆穿工作的围墙

心直口不快	084
及时"破冰"才能破涕为笑	087
打圆场有技术	090
大大方方露"才"	094
宽容是一种力量	097
尊重是减少摩擦的良方	101
少说一句化解冲突于无形	104
不做情绪的奴隶	107

第五章
专注力：以点破面让产出最大化

坚持胜过一切	114
专注让你离成功更近	117
一次只做一件事	121
多躁者必无沉毅之识	124
第一次就把事情做对	127

第六章
创新力：世界可以不一样

挑战"不可能"	132
白日梦时间	136
创新让人生生机勃勃	141
变则通的智慧	147
改变来自不起眼的创新	151
思考中闪现创新的火花	154

第七章
学习力：知识就是竞争力

学习力就是竞争力 … 160
工作是学习的最佳机会 … 163
向他人学习，哪怕是竞争对手 … 166
从"蘑菇"长成"大树" … 169
批评是最快的成长方式 … 172
用对时间做对事 … 175

第八章
担当力：成大事者的必备能力

有勇气说"我能" … 180
承认错误让你更有力量 … 183
关键时刻，挺身而出 … 187
时刻保持一颗责任心 … 191
抗住压力才能担起重任 … 194
让问题到"我"为止 … 197
再试一次的勇气 … 201

第九章
领导力：让优秀能"传染"

要管人，先赢人心 … 208
一诺千金值千金 … 211
人品是看不见的竞争力 … 214
亲和力——职场上的软实力 … 217
战斗力来自人尽其能 … 220
力聚一处则胜 … 223
把权力交给最优秀的人 … 226

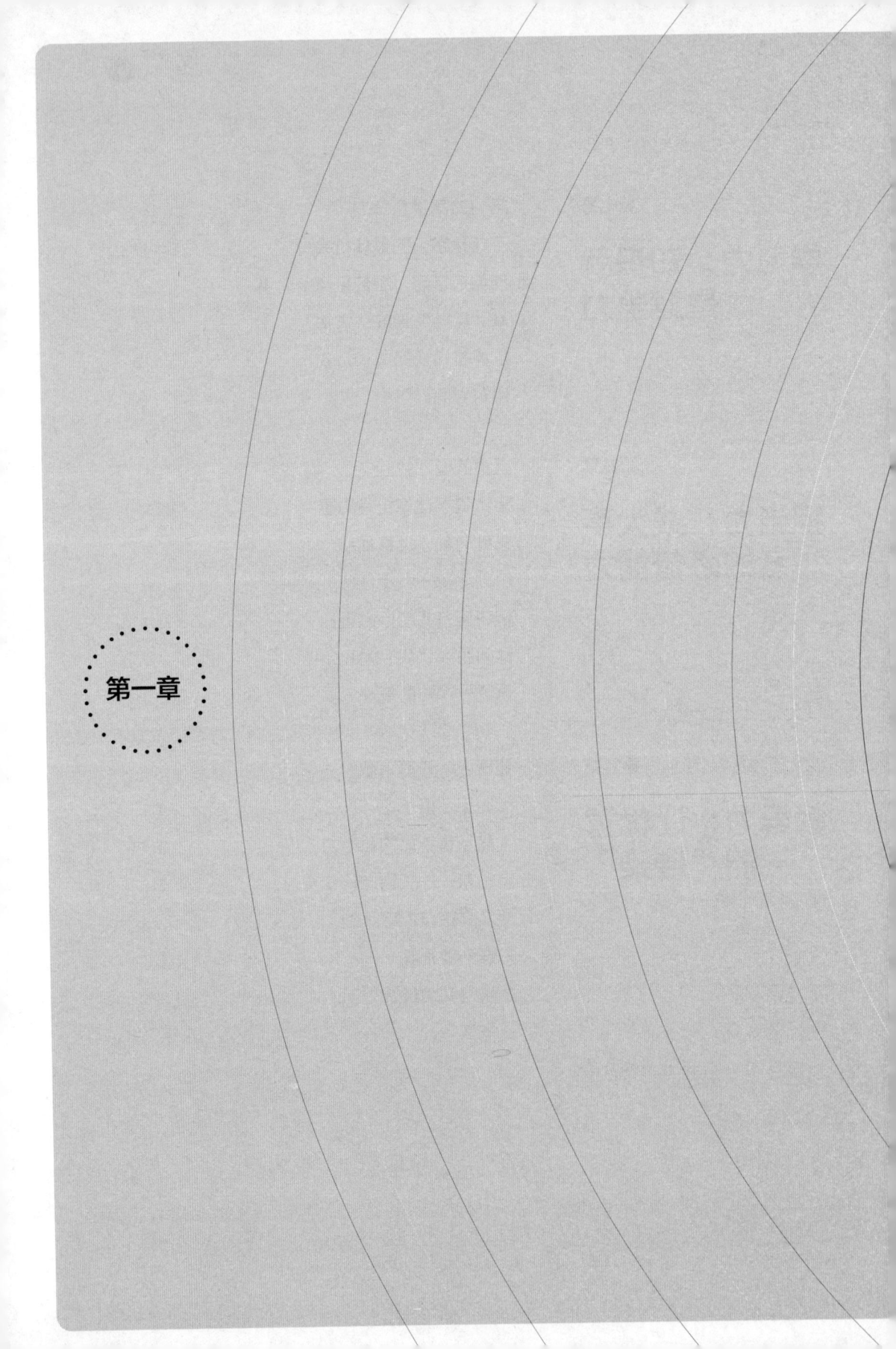

第一章

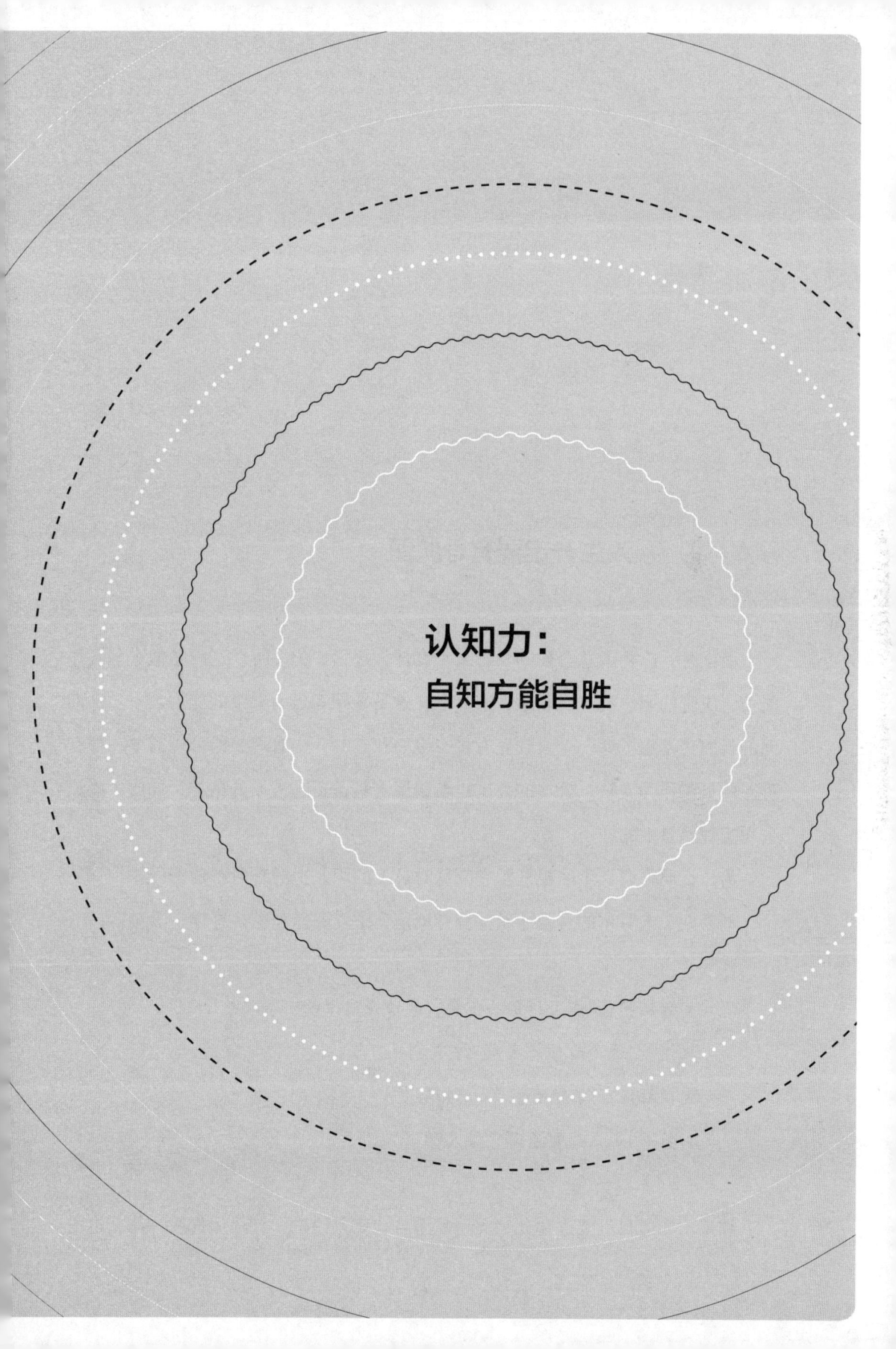

认知力：
自知方能自胜

人生一定要有导航图

面试时,应聘者总会被问及对未来有什么规划。乍一听,这问题似乎与工作能力、应聘的职位没什么联系,实际上,这是领导者最为看重的能力之一。他询问的目的,是想了解一个人到底有多少雄心壮志?一个有理想的公司需要一群有理想的员工作为支柱,公司的高层也希望属下具备不断进取的精神,如此才能让公司实现愿景中的样子。

为什么要强调人生的规划?它究竟对员工的职业生涯有何影响?

刘易斯·卡罗尔的《爱丽丝漫游奇境记》中爱丽丝和猫有这样一段对话:

爱丽丝问:"能否请你告诉我,我该走这里的哪条路?"

猫说:"这要看你想去哪里?"

爱丽丝说:"我去哪儿都无所谓。"

猫答:"那么走哪条路也就无所谓了。"

如果不知道自己要去哪儿,无论哪个方向都是错的,到最后你往往哪儿也去不了。

当前，不少职场人时常感到迷茫和困惑，心里有一种难以名状的烦恼，这种烦恼让他对自己、对工作、对生活严重不满，甚至还有一种冲动的愤怒感。心灵鸡汤类图书里将其称之为浮躁，而浮躁背后的实质，就是对人生、对自己、对未来的不确定性的忧虑，就是没有清晰的、合理的人生规划，这也印证了古人的那句话："人无远虑，必有近忧。"

只有那些对自己的人生有规划的人，才会盘点自己的现在，谋划自己的未来，知道自己在做什么，要做什么，现在是什么，将来要成为什么，进而明白自己为什么工作，工作能够实现什么……这样的人生，是一张精心设计的蓝图，而不是七零八碎的拼图。

一位从事十几年生产专业清洁剂工作的中年男士，本身具备营销管理能力和团队管理能力，有快消品渠道管理经验，只是因为家庭关系无法频繁地变动工作区域，面对经济压力和上级的不理解，郁郁寡欢的他业绩不断下滑，想辞职却又不知道去哪儿。他期待一个稳定的发展平台，一个好公司，一个好老板，让他可以发展为一个优秀的职业经理人。

借助一次培训的机会，他跟我说起了自己的苦恼。我帮他分析了现状，并给出选择：要么创业，要么辞职重新找一家公司，要么认清自己在公司的现状，改变自己。创业需要资金和创意机会，于他的条件来说不太现实；辞职换一家新公司，需要花费时间成本去适应，且未必能有现在同等的职位；最为可行的办法，是在公司内自我调整，重新找到自己、重新定位自己，实现个人与公司的再次发展。

谁能给他这样的机会？现在公司的营销老总！我建议他坦诚地与老总沟通自己的规划，清楚地跟老总达成发展共识。同时，他要在现有的岗位上更加勤奋地工作，做出满意的业绩，并不断地学习总部管理、智能管理需要的技能，可考虑进修MBA。

就是这样一个看似简单却很理性的规划，让这位中年男士豁然开朗，他很快就找回了自己对事业的信心和奋斗的目标。这就是人生导航图的力量。

最理想的人生规划，是在毕业之前开始思考人生的大目标，然后你就知道未来要选择和接受一份什么样的职业。然而现实却是许多人并没有这样的意识，即使在工作了很多年后，依然是一种靠工作谋生的状态，迷茫和困顿总会时不时地出现。

如果此刻的你正处于这样的状况，也不要太着急，只要你还没有到安享晚年的地步，任何时候开始你的人生规划都不算太迟。制定人生规划，可遵循下列几个步骤：

步骤一：找到你的人生目标

一个幸福的人，一个成功的人，他的职业和生活方式与他的目标通常都是一致的。你不妨扪心自问：我是谁？我的一生想成就什么样的事业？回首往事，最让我感到满意的是什么？哪一类事情最能令我产生成就感？

步骤二：着手准备实现你的目标

在实现目标的途径上，职业选择尤为重要。你的职业能够帮你实现人生目标吗？如果不能，那就尝试更换职业；如果更换职业不现实，那就再考虑一个问题：有没有什么办法能把你现在的职业和人生目标联系起来？

步骤三：制订一个详细的计划

怎样的计划才算详细？它至少要能够回答如下问题：在未来的几年内实现什么样的目标？在未来的几年内赚到多少钱，或达到何种程度的赚钱能力？在未来的几年内拥有什么样的生活方式？这些问题的答案，会给你提供一份短期目标的清单。

步骤四：在现有基础上实施的条件

具体的短期目标形成后，你要考虑如何去实施。比如，你打算在五年内成为中层管理者，那你就要思考：你需要哪些能力才能担任中层管理者？你要增加哪方面的知识？你要排除哪些障碍？你的上司能给你提供什么帮助？你在公司晋升为中层的可能性有多大？这份职位需要怎样的教育程度、经验水平和年龄层次？

步骤五：切实地付诸行动

没有执行，再完美的计划也是枉然。要实现人生的目标，一定要克服懒惰和拖延，集中精力去行动。在行动的过程中，势必会遇到各种阻碍和诱惑，要尽可能地减少负面因素对自己的干扰，力求不偏离既定目标。

步骤六：及时调整你的方法

外部的环境和条件总在变化，在实现目标时要有坚定的毅力，但也不能太过死板。及时地更正和调整方式方法，审时度势，更有利于成功。

知道什么位置适合自己

身在职场，人好比是"脚"，位置好比是"鞋"，虽然漫长的职场路要靠脚来走，可选择什么样的路、在路上能走多远、走路时的心情好坏，都与鞋息息相关。选对鞋，找准位置，才能自信从容，健步如飞，越走越远。

A和B都是应届毕业生，在校园招聘会上同时被一家私企录用，入职客户部。进入公司后，A很努力，无论分配给他什么工作，他都尽力做好。他一直在想：只要我认真做，肯定会得到老板的赏识。B也很努力，可他打心眼里喜欢营销，也擅长跟人打交道，一心朝着营销的职位发展。两年后，A依然是客户部的职员，B却成了营销部的精英。

A心里不服气，甚至觉得有点委屈，总认为B就是靠着一张嘴爬上去的。后来，A把自己的不甘跟一位即将离职的老员工说了，这位老员工有能力、有经验，如今要自立门户创业去了，A想从他那里得到点安慰和建议。老员工诚恳地跟他讲："我知道你很努力，但你不知道自己的位置应该在哪儿，做了很多无用功；B知道自己的定位，知道自己擅长什么，所以他走到了你前面。你得找到自身的位置，让老板看到你的价值，你才能得到自己想要的东西。"

定位错误的人大多平庸一生，而有清晰定位的人大多一生非凡。职场就是像一个大舞台，每个人都在尽情地演绎着自己的角色，不是只有主角才能被人记住，把那个适合自己的角色演绎到极致，才是最大的成功。

一位在美国留学的朋友，跟我讲过这样一件事。

某年圣诞节前夕，他打车到朋友家参加聚会，司机长着一头金色的头发，衣着也不起眼，可给人的感觉却很精神。为了消除路途中的烦闷，朋友跟司机聊了起来。没想到司机很健谈，竟讲起了自己的人生经历。

司机年轻时热爱体育，甚至想过进NBA，后来他发现，自己根本不是打篮球的料。随后，他就进入一家大公司上班。虽然工作中的表现不错，可因为性格自由散漫，难以忍受公司里条条框框的制度约束，就辞职了。再后来，他在朋友的鼓动下开始投资餐饮业，散漫的他在管理上漫不经心，最后导致餐馆失火，所有努力都化成了灰烬。不甘心的他，在家人的帮助下又开始经商，可商场里的尔虞我诈他根本应付不来，折腾了一圈后，他把那些产业交给了家里有经验的亲人打理，自己又开起了出租车。

朋友本来替司机感到惋惜，可司机却耸耸肩，说："经过这么多事，我才知道，最适合我的位置，可能就是司机。我性格散漫，喜欢开着心爱的车四处乱跑，这种自由是很多人无法体会的。"

就是这番话，让朋友大受启发。事后，他跟我说："在这个世界上，每个人都有自己的位置。很多时候，不是位置越高越好，而是适合自己的最好。"

明确自身的定位，认清自己的位置，不仅是一种理性的思考，更是一种规划的能力。

对个人来说，这就如同给自己圈定了一个范围，精准而有效地去提升自我，而不至于不知所向，跌跌撞撞。对老板来说，公司的每个岗位都是重要的，无论是高层的经理人，还是基层的普通员工，只有分工和职责的不同，没有重要与次要之分。他们最想看到的是，每个员工都能在公司里找到最适合他的位置，各司其职，人尽其才。要实现这样的愿景，仅仅依靠老板的知人善用是远远不够的，更主要的是靠员工捕捉自我定位的经验与信息的能力。

要找到适合自己的位置并不容易，环境的限制、变数的捉弄，都可能阻碍我们走向这个位置。尤其是在充满诱惑的时代，很多人奋力争夺的只是别人眼中认为"好"的东西，并非真正适合自己的。活在世上，一定要清楚自己究竟想要什么，认清自己要做的事，认真地去做这些事，才会收获内在的平静与充实。

如何确定一个位置是否适合自己？它至少应当符合三个条件：

条件1：有强烈的兴趣，即便没有薪水也愿意去做。

条件2：有明晰的意义感，确信自己在其中实现了生命的价值。

条件3：有实际的经济收获，能够依靠它维持生活。

如果你对现下的工作状况不太满意，甚至对工作提不起兴致，那你有必要认真地想想：这个职位究竟适不适合你？你是否有必要重新给自己定位？在扭转现状的过程中，不要焦急慌忙，也不要妄自菲薄，一定要记住——

"每个人在努力未成功之前，都是在寻找适合自己的种子。如同一块块土地，肥沃也好，贫瘠也好，总会有属于这块土地的种子。你不能期望沙漠中有绽放的百合，你也不能奢求水塘里有孑然的绿竹，但你可以在黑土地上播种五谷，在泥沼里撒下莲子，只要你有信心，等待你的，将会是稻色灿灿、莲香幽幽。"

心中有怎样的未来，脚下就有怎样的路

每个人立身于社会，都要给自己定位，确定这一生要干什么。在做一件事的时候，知道自己怎么做，"止"于这一理念，处变不惊，处事无悔。

一个衣衫褴褛的中年人，在都市繁华的地铁口卖铅笔，许多人都忽视了那些铅笔，只把他当成乞丐。一位商人路过，向他的杯子里投进了一张纸币，匆匆离去。过了一会儿，商人返回，取了一支铅笔，对他说："不好意思，我忘记拿铅笔了！因为你我都是商人。"

几年之后，商人参加一个高级酒会，席间有一位衣冠楚楚的先生向他敬酒致谢，并告诉商人，他就是当年在地铁口卖铅笔的那个人。他能够拥有现在的一切，全是得益于那一句"你我都是商人"。

这样的事有一定的偶然性，大多数人境况还不至沦落于此，大都是平平常常、靠自己的能力赚钱度日，但有一个道理却是相通的：你定位于乞丐，你就是乞丐；你定位于商人，你就是商人。就工作而言，不管你从事什么行业，身在哪个岗位，

你如果只想着"谋生"的话,那么你这辈子恐怕都只得为了谋生而奔波。

很多年轻人会说,初入社会时有些茫然,在生存的压力下只得随意给自己找了一个位置,作为暂时的落脚点。可是,在落脚之后呢?你是继续寻觅更适合自己的位置,还是习惯使然把落脚点当成了永久的栖息地?如果你选择停留,那你给自己的定位是什么?一个得过且过、按时拿薪水的小职员,还是一个在岗位中实现个人价值的职业经理人?

有一对姐妹,五年前结伴到北京打工,在同乡的介绍下,进入一家服装厂做女工。流水线作业是枯燥而烦琐的,每天做的事基本上都一样,当最初的新鲜劲儿消退后,很多人就做不下去了。姐姐就是如此,在厂里待了半年后就辞职了,之后就在城市里四处奔波,在餐厅做过服务员,在超市做过收银员,但每份工作干的时间都不长,三天两头地找工作。

妹妹沉默寡言,性子沉稳,却很上进。从进厂的那天起,她就没有轻视过自己的工作,她把这份工作当成一个学习的机会,一个起飞的平台。当周围的同事包括姐姐,厌倦流水线作业纷纷离职,却又迟迟找不到方向的时候,她意识到:在城市里打拼光靠体力是不行的,必须得武装头脑,有一技之长。为此,她每天下班后,开始自学大专课程,内容就是服装设计和加工。

三年后,妹妹凭借自己的能力成为服装厂里的基层领导,此时的她,也已经修完所有的大专课程。她开始尝试着设计服装,每次组里接到新的任务,她都会借此"练手",在原有设计的基础上,大胆想象和创新。当领导发现这个有着管理才能的女孩,还有服装设计的天赋和能力时,很是惊讶,后将其调任到设计部做主管。

五年的时间,女孩从一个地地道道的打工女孩,蜕变成为一个出色的服装设计师。此时的她,依然没有放弃对自己的要求,她心里有了一个更高的目标，那就是建立自己的服装工作室，打造一个原创服装品牌。

同样的环境，同样的起点，定位不同，命运迥异。

如果你发现，曾经与你站在同一起跑线的人，在十年不到的时间里，已经跑到了你无法赶超的地方时，别急着去责备命运，怨恨环境。去读一读莎士比亚的悲剧《尤利乌斯·凯撒》，那里有一句台词："亲爱的布鲁图，真正该责备的，并非宿命，而是我们自己。是我们自己决定了我们只会是微不足道的人。"

曾经，一位法律顾问找到我，说起他在职业生涯中的困惑：从业多年，做得并不出色。在交谈的过程中，我发现他的内心深处，一直把自己看成一个服务生。他家境不太好，读书时有过长期到饭店兼职做服务生的经历。我提议，让他用"法律顾问"替换"服务生"的定位，他的工作状态和业绩果然有了显著的变化。

人的命运往往与其内心的渴望有紧密的联系；一个人最终取得的人生高度，很大程度上也取决于他内心对自己的定位。人的内心就好比一个能量库，从生到死伴随着我们。虽然它是无形的，但你却能够感受得到。它可能创造奇迹，也可能将人推向毁灭的深渊，而这一切都取决于你的状态。如果你的内心渴望的是美好的东西，那你的周身就会发出一股积极的能量；如果你自始至终都不相信自己能够取得成就，那么你就真的只能沦为平庸者了。

布鲁斯·麦克莱兰在其著作《想象力带来富有》中说过："你是你所想，而非你想你所是。"现在的你是谁不重要，重要的是你想要成为谁。无数事实在验证着这个观点，你现在的处境和状态如何并不打紧，关键是你内心渴望成为一个什么样的人，渴望拥有怎样的生活。

心中有怎样的未来，脚下就有怎样的路。

如果你将自己定位成打工者，那么你的潜意识就会阻止你成为职业经理人。你对自己的要求就是服从安排去做事，你的期望就是多拿点工资、多放几天假，仅此而已。你不会用职业经理人的标准去要求自己，也不会去思考一个合格的、优秀的职业经理人应当具备怎样的知识和素质，你要在哪些地方提升自己……因为，它不符合你的定位。

如果你把自己定位成老板，那么你的潜意识就会促使你像老板一样去思考、去做事，公司里的任何事你都会很上心，你会积极了解行业发展的动态，学习公司运作的知识，锤炼处理危机的心智，你不会太计较眼前的得失，因为，你的志向不止于此。

一位大型私营企业老总跟我讲："我喜欢想当老板的员工，不喜欢打工仔员工。只想着自己是打工仔的员工，虽然能服从和执行，可处处都很机械、很被动；那些想当老板的员工，你把他分在任何一个岗位，他都能做出让你满意的成绩，无须你开口，他就知道自己该做什么，该怎么做。"

"可是，老板型员工很容易流失……"面对这个问题，他又说："没关系，就算他在我这里只待三五年，或者是一两年，他的工作效率、工作态度会影响整个团队的士气。况且，有些员工与公司的愿景是一致的，公司给予他的平台和空间让他感受到了集体创业比个人创业更易达成人生目标，最终就留在了公司成为股东之一。个人与企业实现双赢，这样的情况也是有的。你想想，如果公司里的每个员工都把自己定位成'老板'，那么这个由诸多'老板'组建的团队，战斗力该有多强大？"

如果你不满现在的生活和工作，别急着去否定周围的环境和人，也不要陷入宿命论的怪谈中。思考一下：你对自己的期望是什么？你想成为什么样的人？你的工作能为你提供怎样的条件？你能否在这份工作中实现人生理想？你现在最应该做的是什么，能够做的是什么，能不能做好？

当你把这些问题都思考清楚，并循着定位的方向去走，你的生活和事业都会有所改变。因为，你如何定位自己，你就会成为什么样的人！

工作是为了自己

人生最重要的事，就是早一点明白，自己才是命运的播种者。今天所做的一切，都会在将来深深地影响自己，无论生活，还是事业。

辛苦了一辈子的老木匠在退休前，被雇主要求再修建一栋大房子。此时的他已无心工作，想着不过是给别人干活，就马马虎虎、偷工减料。草草完工后，老木匠意外得知，房子竟是雇主送给自己的礼物。

没什么比"我是为别人工作"的想法更毁人的了。

你所做的点点滴滴，不是给老板做的，也不是给老板看的，而是在构建属于你的人生大厦。积累经验的过程会有辛苦，蜕变成长的历程会有委屈，这是自我提升的必经之路。你若把一切归咎于环境不利、世道不公、老板苛责，不愿承担或忍受，试图以敷衍了事、避重就轻的方式去糊弄老板，那么很遗憾，你最终糊弄的只是你自己。

老板有权雇用你，也有权解雇你；是你需要工作，不是工作需要你。

对离职和失业，很多人不屑一顾：世界之大，何愁没有我的立足之地？

是的，找一个短暂的停驻点不难，可是几十年后，当你回顾自己的人生路时不难发现：一路走走停停、随处挖井，却没有在任何地方挖出水来，不觉遗憾吗？你自身的价值在日复一日的敷衍中被埋没，从未得到过肯定，不觉悲哀吗？

一个平凡的人，即使无法拥有轰轰烈烈的人生，也可以在每一个停驻点努力实现自己最大的价值，一路走一路攀登新的高峰，才算不枉此生。人生就是一个登山的过程，工作就是台阶，它为每个人都提供了一条路，至于你能站多高、看多远，全在自己的选择。

你把工作视为谋生的手段、沉重的任务、乏味的坚持，年复一年做着同样的事情，觉得工作做多做少、效率高低对自己而言意义不大；眼睛始终盯着报酬，只要个人需求得不到满足，就会抱怨连连，不愿全身心投入，得过且过。那么，终其一生，你也只能悬在半山腰，而那些能够占领制高点的人，无一不是为了心中的美景去攀登的。

心中有信念，脚下有方向。一个不清楚为何爬山的人，永远看不到独特绚丽的风景；一个不清楚为谁工作的人，永远得不到赏识与重用。老板看重的员工，是对工作有清晰的认知、把工作当成事业的人。一个人唯有知道"凡事为自己而做"，才可能会心甘情愿地付出所有。

阿基勒特曾是美国标准石油公司的一位普通职员。他刚进入公司时，各方面的待遇条件都不是很好，但这丝毫没有影响他对工作的热爱。每次出差住旅馆，他总会在自己签名的下方写上一句"每桶四美元的标准石油"，在书信和收据上也不例外，仿佛这几个字和他的签名是一体的。当时，公司有不少人嘲笑他，还给他起了个绰号"每桶四美元"。

公司董事长洛克菲勒听说这件事后，说："竟有职员如此认真努力地为公司做宣传，我一定要见见他。"就这样，阿基勃特得到了与总裁共进晚餐的机会。当然，这只是一个开始。洛克菲勒卸任后，阿基勃特成为美国标准石油公司的第二任董事长。

任何工作，都是自己的主动选择，既然选择了，就要接受它的全部，无论条件优劣、待遇高低，都不该有怨怼的心理。因为，你所有的付出，不只是为了老板，更是为了自己。你的未来之路、你的个人价值，都隐含在这份工作中。企业为你提供的岗位，如同是宝藏的入口，能不能如愿地找寻到你想要的东西，全凭你的努力。

英特尔总裁安迪·格鲁夫曾在一次对大学生的演讲中说："不管你在哪里工作，都不要把自己当成员工，要把公司看作自己的一样。你的职业生涯除了你自己之外，全天下没有人可以掌控，这就是你自己的事业。"

当你对工作不满，开始消极怠工时；当你薪水不够高，丧失工作激情时；当你久未升职，对老板心有埋怨时，不妨暂时放下手里的工作，停下来静静地思考一下：你在为谁工作？你的不思进取、得过且过、愤世嫉俗，伤害最深的人是谁？你的不努力，会给老板造成一定的利益损失，可相比你那美好的前途、辉煌的人生而言，孰轻孰重？

收回"为老板工作"的错误想法吧！你的忠诚、你的敬业、你的努力、你的付出，都是为了你自己！从现在起，记得你是在为自己工作，收起迷茫、抱怨、消极，不投机取巧，不自我欺骗，不随波逐流，开启一段积极美好的人生。

人生"三道门"

在所有的关系中，最重要的是和自己的关系！和自己相处好了，就会和他人相处好。对他人的不满、指责和抱怨，其实是内心深处对自己的不满、不接纳、不自信。

每次说起一些在某个领域内做出卓越成就的人，不少人都会暗暗钦佩，惊叹他们的才华，欣赏他们的魄力，同时也感叹自身不具备人家那样的能力和机会，把眼下的平庸现状归结于自身条件和客观环境的束缚。平凡与伟大的根本区别，是不是真在于此呢？

有个年轻人，在踏上人生旅途前，向族里最具声望的长者辞行，并问道："我未来的人生之路将会是怎样的呢？"长者说："你在人生路上会遇到三道门，每道门上都写着一句话，你看了自会明白。在你走过第三道门后，回顾来时的路，你自会明了。"

年轻人出发了。不久，他遇到了第一道门，上面写着："改变世界。"他想：我要按照自己的理想去规划这个世界，把自己看不惯的事情统统改掉；

几年后，他遇到了第二道门，上面写着："改变别人。"他想：我要用美好的思想去教化他人，让他们变得更好；又过了几年，他遇到了第三道门，上面写着："改变自己。"他想：我要让自己变得更完美。

走过这三道门，年轻人已经成长了许多，他明白了一个道理：与其改变世界，不如改变这个世界上的人；与其改变他人，不如改变自己。此时，他想起长者的话——回顾来时路。

年轻人开始慢慢地往回走，远远地，他就看到了第三道门。可是，从这个方向上看，门上写的是"接纳你自己"，他才明白，为什么他在改变自己时总是充满自责和苦恼，因为他把目光放在了自己做不到的事情上，忽略自己的长处。于是，他开始学习接纳自己、欣赏自己。

他继续往回走，看到第二道门上写的是"接纳别人"，他才明白，为什么自己总是怨声载道、满腹牢骚，因为他拒绝接受别人和自己存在的差异，不愿去换位思考。于是，他开始学习理解别人，宽容别人。

他又继续往回走，看到第一道门上写的是"接纳世界"，他才明白，为什么自己在改变世界时连连失败，因为他不想承认世间很多事是人力所不能及的，他总在强人所难、控制别人，忽略了自己可以做得更好的事情。于是，他开始学习包容世界。

接纳自己——这是故事的主旨，也是人生的哲学，也是我们人生一世的基础。

我曾有幸聆听过一位美国知名企业家的讲座，触动很深。其实，我对这位企业家仰慕已久，只是从未谋面，当我见到他本人时，着实感觉和我想象中有很大差距，他个头矮小，其貌不扬。

讲座中，有一位学者问企业家："您认为，在成功的诸多前提中，最重要的是什么？"

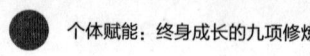

企业家没有直接回答，缓缓地说起这样一件事——

多年前的傍晚，一个叫亨利的青年移民，站在河边发呆。那天是他30岁生日，他不知道自己是否还有活下去的必要。亨利从小在福利院长大，身材矮小，长相不英俊，带着一口浓重的法国乡下口音，他内心瞧不起自己，觉得自己就是一个又丑又笨的乡巴佬，连最普通的工作都不敢去应聘。现如今，他就是在城市里飘荡，没有工作，没有家。

就在他徘徊于生死之间的时候，与他在福利院一同长大的朋友约翰兴奋地跑过来说："亨利，我要告诉你一个好消息！"亨利根本没有理会，他说："好消息从来都不属于我。"

"不，这回真的是属于你！我刚刚从收银机里听到一则消息，拿破仑曾经丢失了一个孙子，播音员描述的相貌特征，跟你一模一样！"

"真的吗？我是拿破仑的孙子。"亨利顿时精神抖擞，想到自己的爷爷曾经以矮小的身材指挥着千军万马，用带着泥土芳香的法语发出威严的命令，他突然觉得自己一向引以为耻的矮小身材变得高大起来，且充满了能量，就连讲话时的法国口音也多了几分高贵与威严。

第二天，亨利就到一家大公司应聘，整个面试过程中，他都显得信心十足。

二十年后，已经成为这家公司总裁的亨利，查证到自己并非拿破仑的孙子。然而，这已经不重要了。"是的，亨利就是我。"企业家的表情从微笑变得严肃，"接纳自己，欣赏自己，这是事业成功、人生幸福的前提。"

我听到不少年轻员工诉说对现状的不满和对未来的担忧，他们不再相信梦想，内心愤愤不平。是的，必须承认，在踏入社会之初，美丽的梦想与残酷的现实发生了激烈的碰撞，曾经的骄傲和期待被击得粉身碎骨，许多简单的愿望都要付出昂贵的代价，这让不曾历经世事的年轻人产生了怀疑：是我不够努力，还是社会不接纳我？

我想告诉所有身在职场、心处迷茫的年轻人：不是你不够努力，也不是社会不够宽容，是你没有接纳自己。当你由内而外地接纳自己，接受发生或即将发生在自己身上的一切，梳理好自己的情绪，客观理性地认识自己，才能找寻到内在的平衡，剔除内心的浮躁，不断地完善自己，在自我激励中使人生过得充实而有意义。

你一定会问：我该如何学会接纳自己？这里归纳了几种方法，对实现自我接纳有所帮助：

1. 正视自己的弱点

没有人是完美的，不管你身上有多少缺点和不足，曾做过多少傻事、坏事、蠢事，从现在起，停止对自己的挑剔和责备，试着理解自己、原谅自己。如果你能够正视并接纳自己的弱点，就意味着你已经正确认识到了自身的局限性，同时也停止了对自己的不满和批判。当你准备接受去做一件事情时，你不会因为缺点的存在而质疑自己，而是会告诉自己："你不完美，我不完美，他不完美，我们每个人都不完美，这不是什么大不了的事。"

2. 正视负面的情绪

谁都会有一定的负面情绪，一旦这些情绪产生，不要压抑、否认和掩饰它，要承认它，接受它。举例来说：当你对一项任务感到恐惧和不自信时，不要假装"我不怕"，你可以坦然地面对这一现实并对自己说："我心里有点担心，不过没关系。"当你萌生了贪婪、嫉妒的情绪，不要否认它们的存在，亦不要隐藏自己的感觉，你可以告诉自己："每个人遇到类似的情形，可能都会如此，没关系。"

3. 无条件地接纳自己

何谓无条件地接纳自己？无论你的外表漂亮还是普通，无论你的能力非凡还是平庸，无论你的性格内向还是外向，无论你的家世显赫还是平常，都无条件地完全接受，并喜欢自己。

除了接纳自己本来的样子，还要接纳对自己的寄望，接纳完成对自己的寄望不是一个短期过程的事实，更要接纳在完成对自己的寄望的过程中，那个可能时而前进、时而后退、时而原地徘徊的自己。简单来说就是，当你把一粒种子埋进土壤、浇水施肥时，你要接纳那粒种子不会"立刻"结出果实，而是一点一点地蜕变而来。

没有危机感就是最大的危机

当员工进入企业后，习惯了顺风顺水、平步青云的状态，会不知不觉产生麻痹松懈、骄傲自满的情绪，在细节之处变得疏忽。一旦这种情绪汇聚起来，形成了一种风气，若是遇到突发事件，企业就会岌岌可危。这种散漫悠闲的状态，对于员工个人而言，也不是一件好事。没有压力就没有动力，没有竞争就没有参照，没有参照就没有提升。

羚羊与狮子的故事，想必很多人都听过：在非洲大草原上，狮子想要活命，就必须捕捉到足够的羚羊作为食物；羚羊若要活命，就必须跑得比狮子更快。在这种没有退路的竞争状态下，大自然把狮子造就成了最强壮凶悍的动物，也把羚羊造就成了最敏捷善跑的食草动物。

什么叫做适者生存？不是淘汰羚羊或狮子，而是淘汰羚羊和狮子中不能适应环境的弱者。竞争的过程，从表面上看是淘汰对手的过程，可实质上却是不断克服自身缺陷、让自己变得更加强大的过程。企业竞争和自然界竞争一样，也遵循着优胜劣汰的法则，无论你是"羚羊"还是"狮子"，当太阳升起的时候，你都必须得"跑"起来。

可惜，现实的状况却并不乐观。在工作中接触过大量的企业员工，多数人向往的是"睡觉睡到自然醒，上班不累常加薪"的工作状态，尤其是已经体验到工作辛苦、竞争激烈的人，更是把轻松惬意视为理想和追求。

看到这样的现状，我真的替他们捏了一把汗。因为，有这种想法的大都是二三十岁的年轻人，正处于该奋斗、该上升的年纪，他们却向往着安逸的生活，心中没有丝毫的职业危机感。很难想象，再过五年、十年，他们是否还能保住现在的岗位和职务？毕竟，那些比他们优秀的人还在努力，你不进步就意味着倒退。

其实，一份安逸的工作，并不真如表面看上去那么好，在悠闲和轻松背后，隐匿着诸多的职业危机。

◆危机1：思维被固定的环境束缚

长时间在一个相对固定的环境中工作，接触熟悉的人、熟悉的事物，往往就会让思绪范围缩小，关注的内容也变得有限。外界的大环境始终处于快速变化中，新的职业、新的职位、新的工作模式层出不穷，安逸的状态会降低对这些事情的敏感度，久而久之，就会与时代脱钩，与职场脱钩。

◆危机2：在安逸中变得懒散松懈

轻松而熟悉的工作，做起来总是得心应手的，不必花费多少时间、多少精力，就能轻松完成。工作平淡如水，时间长了人也变得懒散、倦怠。如有一天，换了工作岗位，多了工作任务，可能就会效率低下，毕竟懒散的作风已成习惯。

◆危机3：职业竞争力不断下降

有压力才有动力，这句话用在工作中很是恰当。一个工作清闲的人想借助闲散时间学习外语，多半没有大的成效；一个工作中必须用到英语、自身的英文水平不佳的人，在闲散时间学习英语效果却大不一样。为什么呢？原因就是，前者没有压力，没有学习目标；后者面对竞争，势在必行。这也从另一个角度告诉我们：舒适的环境会让一个人的职业竞争力下降。

有句话说:"30 岁之前太安逸,30 岁之后就会没动力。"

年轻时过得太安逸,未经受过任何风吹雨淋,会逐渐丧失适应外界环境的意识,在舒适的环境中滋生懒惰,失去向前发展的动力和能力。在应当奋斗的时候,要敢于舍弃舒适的环境、直面人生打拼的绝佳时机,积极进取。

那么,作为企业中的员工,如何做才能避免沉溺于安逸之中呢?

1. 时刻保持危机意识

羚羊和狮子在生存的压力之下,从不敢松懈一丝一毫。它们知道,如果不努力去奔跑,就意味着有一天会被大自然淘汰。职场一样遵循物竞天择的规律,没有居安思危的意识,就会麻痹大意,疏忽松懈,在激烈的竞争中被超越、被淘汰。很有可能,今天你是公司所有人眼中的"红人",明天就加入求职大军的行列中去了,文凭和证书保证不了你的位置。

顾先生本科毕业后分配到某大型国有企业工作已经 15 年了,工作和专业很对口。刚参加工作那会儿,顾先生干劲十足,想做出点名堂来。渐渐地他发现,单位里人多事少,有时一整天下来,就是聊聊天、看看报,根本没什么事情可做。他想过跳槽,可又留恋这份轻松、收入不错的工作。就这样,不知不觉过去了十几年。

最近,企业开始改制了,顾先生下岗了。这时候,他才彻底意识到,自己陷入了尴尬的境地:重新找工作,可过去的专业知识全丢了,没有实操的技术和经验。想到自己昔日的一些同学,不是自己创业,就是在私企做了中高层,自己人到四十还得从零起步,实在是窘迫。

有危机不可怕,没有危机才可怕,而没有危机意识更可怕。现实中有很多人、很多企业就是因为沉迷于安逸的现状,没有危机意识,最终被竞争的潮水吞没。一定要把危机意识深入心中,保持高度的警惕,随时做好危机到来的准备,才能在近乎残酷的职场中长成一棵"常青树"。

2. 不断树立新的目标

无论羚羊还是狮子，只要太阳一出来就会奋力奔跑，日复一日年复一年。这是它们给自己树立的目标，而实现目标的结果也很明显：狮子可以获得美餐，羚羊可以保住性命。在目标的指引和结果的支撑下，它们坚持不懈地努力。

牛顿曾经说："我所取得的一切对我来说都不重要，我的成就感来自于我的不断超越。今天的我要超越昨天的我；而今天的我将被明天的我超越。"

作为员工，也要不断地给自己树立目标，并为之付诸努力。这个目标开始时可以很小，如1个月内挖掘出一个新客户；当这个目标实现后，可再树立更高一点的目标，同时改进工作方法。在这种不断超越的过程中，个人的工作技会得到提升，事业的积累会更加深厚。

3. 在竞争中不断成长

世界顶尖潜能大师安东尼·罗宾说："并非大多数人命里注定不能成为爱因斯坦式的人物。任何一个平凡的人，只要他不害怕竞争，就可以成就一番惊天动地的伟业。"

当我们为了成功的事业和美好的生活打拼时，一定会遇到各种各样的竞争，遇到各种各样的对手。不要畏惧竞争，有了对比和较量，你可以清楚地知道自己的实力，也可以发现自己的不足，还可以从对手身上获取经验和力量。即便是失败了，当你鼓起勇气重新站起来的时候，你会比从前上升了一个高度。

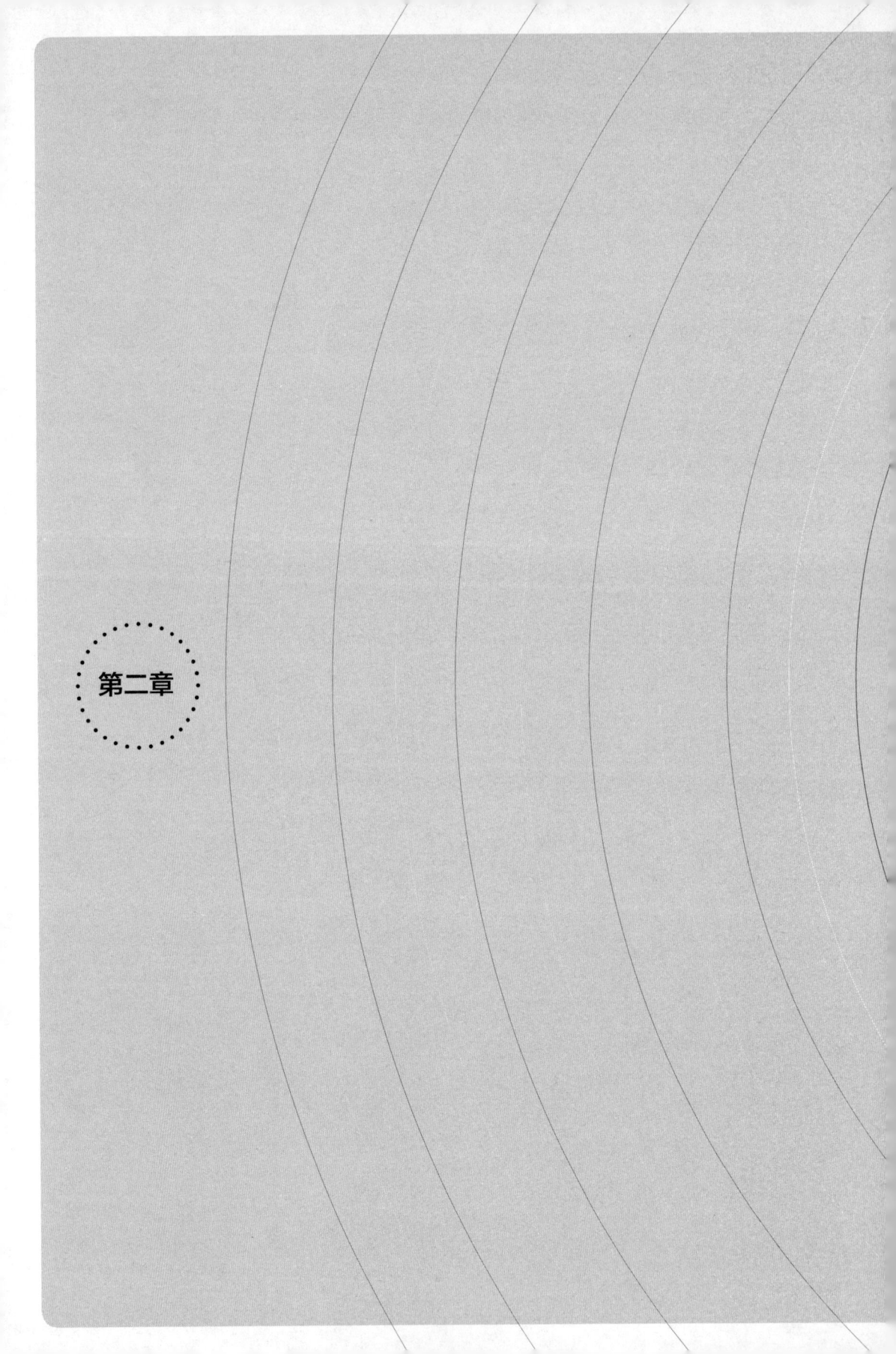

第二章

适应力:
不适合但能适应

永远不要让工作去适应你

我曾问过不少习惯性跳槽的人,到底是什么原因让他们一再地换工作?结果,听到最多的答案就是——"这个工作不适合我!"至于为什么不适合,理由就多了,如"太枯燥了""不感兴趣""公司氛围不好"等。

恕我直言,当他们列举各种外因的时候,我发现了一个问题,有些情况并非是"不适合",而是"不适应"。大家都知道,职业规划和选择是很重要的,可即便是选择了一份你无比热爱且符合你兴趣特长的职业,在工作的过程中也免不了会出现各种问题。面对这些情况,能说是工作不适合你吗?

我们不妨把"适合"这两个字拆开来看,"适"代表主动的适应,"合"代表匹配度。对于职业而言,更多的时候都是需要去"适",才能达到"合"的状态。可惜的是,许多人只看到了"合",却不知道所有的"合"都需要"适"的过程。

当你对工作失去了兴趣,觉得所做的事枯燥乏味,想用休假和跳槽的方式来逃避棘手的难题时,不要急着说这份工作不适合自己,认真想想:究竟是不适合,还是不适应?你必须知道,从"不适应"到"适应"是每个人在职场中都要经历的一个进化过程,如果过不了这道坎儿,那么不管你从事什么行业,都很难踏实地做下去。那些不时袭来的种种阻力,会很轻易地击溃你做事的决心和耐性。

职场如战场,风云莫测,瞬息万变,竞争激烈。你不能祈望工作适合你的能力、符合你的兴趣特长,你只能祈望自己的能力去适应工作。没有顽强的适应能力,根本无法在职场生存下去,更不可能获得成功。如果你能做到战胜自己、主动去适应工作,你会在蜕变的过程中成长为一个奇迹,也会从中得到更多的机会。

多年前,美国百老汇的一位导演告诉一群前来面试的舞蹈演员,他需要一个配角:一个驾驶摩托车狂飙穿越燃烧的房子的女演员。听到这个要求后,许多女孩都觉得很失望,这任务太难了,常人根本做不到。

当这些舞蹈演员陆续离开的时候,导演发现有一个女孩留了下来,她果断地脱掉了脚上的舞鞋。导演很惊诧,走过去问她在做什么?女孩说:"既然你们需要的不是舞蹈演员,那么我就脱掉舞鞋,做你们需要的演员。"

这个女孩就是世界著名的动作女星安吉丽娜·朱莉,她主演的《古墓丽影》成为许多人心中难以超越的经典。她的成功是偶然吗?当然不是!从她脱掉舞鞋的细节上便知,她是一个懂得随时调整自己,去适应工作、配合工作的人。

事实上,几乎每个行业里都有类似的情况。在刚刚接触一份新工作时,你可能会觉得它不如自己想象得好,不符合兴趣爱好,不是自己擅长的,要达到标准和要求很难……可现实就是如此,有些心愿只能是愿景,工作不可能来适应你,想在职场待下去、有发展,得到老板的赏识和晋升的机会,唯一的办法就是主动去适应环境、适应周围的人。

大学生村干部董玲玲的故事,想必很多人都耳熟能详。她毕业于中国传媒大学,硕士文凭。按理说,这样的高学历人才做一个村干部是没有问题的,可现实却告诉她,村干部不是那么好当的。她入职后的第一项任务就是跟随妇女主任挨家挨户给妇女们做计划生育工作。对于未婚的董玲玲来说,真的很难为情,有些话还没说,她的脸就红了。

或许,有些人会想:堂堂一个研究生,找份别的工作也不难,何必在这里屈才呢?可董玲玲并不这么想,既然选择了当村干部,就不该找借口去逃避,而是要主动适应。渐渐地,她在工作中也能给村民讲解一些计划生育的问题了,而过去那些让她感到脸红的词语,也能大方地说出来了。

有一次,她独自到一户村民家家访,这家夫妻生了一儿一女后,又偷生了一个孩子,她来访的目的就是催缴超生罚款。恰好那天女主人不在家,男主人一听是要收罚款的,恼羞成怒,破口大骂,还抄起扫帚要打人。董玲玲被吓坏了,当时她真想跑出来,可最后还是提着胆怯的心,高声快速地把村民超生违反国家政策重申了一遍。见她理直气壮地说着,动粗的村民也有点服软了,最终答应缴纳罚款。

经历了这些事情后,董玲玲的心态变得愈发平和了,她很快就适应了自己的工作,什么事情都能应对自如了。

无论你是新人还是有一定经验的工作者,进入一个新的环境,最重要的就是保持好心态,做好角色的认知,迅速适应公司、融入公司。也许,一开始你被分配的岗位不是很适合自己,或是与从前从事的工作有较大出入,但千万不能因此心生抱怨。每个公司都有自己的特点,试着去了解公司,适应环境、上级、同事,找到适合你的位置。

选择"适合"还是"适应",取决于你与社会环境、职业环境的博弈,也就是要清楚是你的力量强,还是环境的力量强。如果你在职业初期,缺少能力和资本,那就要主动去"适应"那个你自认为"不适合"的环境,这是一种历练。换言之,即便将来真的有一份"更适合"的工作,企业及其领导者也愿意交给那些更有"适应力"的人,而不是遇到困难就退缩和逃避的人。

有一双善于发现快乐的眼睛

沃尔玛的创始人山姆·沃尔玛曾说："如果你热爱工作，你每天都力求完美，你周围的每一个人也会从你这里感染这种热情。"这个工匠企业家，一直都以饱满的精神状态出现在工作中，他在热爱中找到了一条使生命变得激越和充实的道路。

面对工作中的烦琐和困难，我们总能找到 N 个厌倦的理由，这也是为何有那么多人频繁跳槽，渴望在新的环境、新的工作中找寻激情。然而，有些问题不是换个环境就能解决的，倘若心境不变，走到哪儿都是一样的，甚至会愈发迷茫，失去方向。

有一个小姑娘，刚毕业时踌躇满志地跟我说，一定要做有挑战性的工作。我建议她，可以尝试做营销，能够得到多方面的锻炼与提升。恰好，她也对营销很感兴趣，很快就投身到了地产行业，带着满腔热情和向往，开始了她的售楼生涯。

最初，小姑娘对自己挺有信心，工作起来也很有激情。但是没过多久，她就有点吃不消了。每天辗转奔波带客户看房，身体疲惫不堪，外加销售都有业绩考核，久不出单心理压力也很大。她开始动摇，怀疑自己也许并不适合做营销，很快就辞职了。

凭借着优秀的文笔，她顺利地去了一家杂志社做采编。相比销售的工作，这样的工作轻松了不少，她也总算能从紧张压抑的心理状态中解放出来。不过，这份工作依然没有让她找到归属感，由于个性活跃、爱说爱笑，而所处的环境却显得有些安静保守，大概做了半年多，她就感到了沉闷，激情也被磨灭了。她对我说，自己不太喜欢安逸的工作，怕这样下去会被体制化，就又踏上了跳槽之路。

两三年过去了，她跳了四五个不同的领域，换了一份又一份工作，却总觉得自己好像还停在原地，没有任何进步。这样的状况，让她感到很迷茫，不知道下一步该怎么走。按理说，也是尝试了不少工作的，但心理上的抗拒、厌恶、倦怠之感却怎么也摆脱不掉。

其实，这样的事情对很多年轻人来说都不陌生，辗转曲折地换工作，换环境，为的就是让自己安定下来，结果却越来越迷惑。这个世界不存在让我们一见钟情并能对它一辈子激情不减的工作，是否能在工作中找到满足感和成就感，不是在于这份工作本身好坏，而在于你能把它做到怎样的程度。就算给你一份梦寐以求的工作，你不够珍惜，不够努力，终究也会变成一份坏工作，让你离预期的目标越来越远；反之，现在你从事的工作不那么理想，但通过努力，却能逐渐踏上理想的轨道。

停止对工作的抱怨，停止盲目地跳槽，多一点工匠精神，脚踏实地地付出，慢慢建立一种对工作难割难舍的情结。

比尔·盖茨说："成功的秘诀是把工作视为游戏，这似乎是所有成功者的工作态度。我们可以尽力找出能令我们兴奋的事来，把许多游戏时的方式带到工作中。"在专业领域挖出井水的人，必定是对工作抱有满腔热情的人。

日本电影《南极料理人》是根据真人经历改编的，其主角西村淳是南极考察队里的厨师，也是一位极具匠心的工作者。

西村淳与其他队员被派到南极进行为期一年的考察。在天寒地冻的基地里，要如何度过漫长煎熬的日子？他用行动给出了掷地有声的回答。

当大家无聊只能打麻将、跟着电视做操的时候，一日三餐就变得异常重要。刚好，他能做一手好料理，还爱烹调各种美食，队员们每次看到出自他手的精美搭配餐，隔空都能感受到色香味的诱惑。在眼馋心动中，他们已然忘了，西村淳没有机会去添购任何新的食材，只能用最初带去的各种罐装、冷冻食材。

驻扎大半年后，队里带的面条用尽了，一位非常爱吃面的队员苦苦哀求西村淳，说他想吃一次拉面，若是吃不上拉面，他觉得活着都没意义了。西村淳想方设法做了一餐面条，众人吃得津津有味，为了怕面条凉，他们甚至顾不得出去观察难得一见的极光。看到这样的情景时，西村淳顿时发现，队员们所有的苦闷和沮丧都不见了。

一日三餐准备饭食，多么平常而单调的事情，可西村淳却能充满激情地去做，变着花样给自己找乐趣，给同事们洗刷倦怠。这说明什么？地理环境、生活环境，都只是表面的形式，倘若内心对一件事充满热爱，那么它就会散发出闪耀的芒光，点亮自己和他人。

同时，在不少眼里，南极考察队员的身份和工作性质，似乎比厨师更有意义，但在这里我们看到的却是工作根本没有"高低贵贱"之分，把任何一件事情做到极致，都会赢得他人的敬重。要成为一个工匠，就不能带着太大的功利心去做事，这样的话会过于看重结果，而无法享受到做事的快乐。当你只想要得到某种结果的时候，你心中的爱和激情，就已经渐行渐远了。

那么，当身心俱疲、激情不再的时候，如何才能重新唤起对工作的热爱呢？

1. 找寻自己在工作中的价值

邮差弗雷德的故事，想必很多人都听过。他之所以能够几十年如一日不停地投递邮件，就是因为有太多客户对他的服务认可，他们的信任成了弗雷德工作的动力。日本的那位"南极料理人"西村淳，看到考察队员吃了自己制作的美食，焕发出对生活、对工作的热情，这无疑是给他最大的鼓励。对我们来说，找寻到工作的意义和价值，才能保持持久的激情。

2. 分阶段地给自己确定目标

工作的成就感和动力，源自出色的业绩和精湛的技能。你做得好了，才会赢得他人的肯定与尊重。这就要求我们要不断发掘工作的魅力，不断地征服它，把自己带入更新更高的境界。这个过程所带来的乐趣和满足感，是其他东西无法给予的。

3. 尽量保持一份平和的心境

这个多变的时代，诱惑无处不在，要成为一个优秀的工匠，保持平常心非常重要。工作中总会有一些不如意，所以要尽量创造条件，让自己快乐，从而保持高昂的工作热情。同时，还要学会取舍，不能什么都想要。心境平和了，才更容易做得专注、长久。

平凡中发现不寻常的力量

在一次公司培训结束后,一位女职员发邮件给我,述说了她在工作中的各种烦恼,如工作压力大、薪资待遇偏低、缺乏培训进修机会,等等。还好,她认为这些都可以忍受,但近期发生的一件事,却给她重重一击:与她同时进公司、学历相当的一位同事,晋升为主管,成了她的顶头上司。

说来也巧,她口中所说的那位上司,正是那次培训的主要负责人。在此之前,我一直与她沟通培训的事宜。对工作极度不满的女职员,在信中细数自己各方面的优势,大致是觉得自己的能力与新上司相当,对公司的人事安排心存不满。

在给这位女职员的回信中,我如是说道:"工作不只是看能力,更重要的是态度。也许你在岗位技能方面与上司相差无几,但你有没有仔细去审视她对工作的态度?在同样的环境、同样的待遇之下,如果她比你更喜欢这份工作,那么她的晋升就变得合情合理了。"

其实,这番话也是我给所有"不喜欢自己的工作"的员工的一条忠告。当你认为自己的工作辛苦、烦闷、无趣的时候,就算你有才华、有技能,也无法做好这份工作,发挥出最大的潜能。世上任何一种工作都有它存在的价值,也有它不尽如人意的地方，重要的是我们能否保持良好的心态，去发现工作中的快乐与精彩。

励志大师安东尼·罗宾曾到巴黎参加一次研讨会，会议的地点不在他下榻的饭店。他看了半天地图，却仍然不知如何前往会场，最后只得求助于大厅里当班的服务人员。

那位服务人员穿着燕尾服，头戴高帽，大约五六十岁，脸色有着法国人少见的灿烂笑容。他仪态优雅地翻开地图，仔细地写下路径指示，并带着罗宾先生走到门口，对着马路仔细讲解去往会场的方向。罗宾先生被他热情的服务态度打动了，一改往日认为"法式服务"比较冷漠的看法。

在致谢道别之际，服务生微笑有礼地回应道："不客气，希望您顺利地找到会场。"紧接着，他又补充道，"我相信您一定会满意那家饭店的服务，那儿的服务员是我的徒弟。"

安东尼·罗宾突然笑了起来，说："太棒了！没想到您还有徒弟！"

服务生脸上的笑容更灿烂了，说："是啊，我在这个岗位上已经25年了，培养出了无数的徒弟。我敢保证，我的徒弟每一个都是优秀的服务员。"他的言辞间透着一股自豪。

"25年？天哪，您一直站在饭店的大厅呀？"安东尼·罗宾不禁停下脚步，他很好奇，这位老人如何能对一份平凡的工作乐此不疲？

"我总觉得，能在别人生命中发挥正面的影响力，是一件很过瘾的事情。你想想，每天有多少外地游客到巴黎观光？如果我的服务能够让他们消除'人生地不熟'的胆怯，让大家感觉就像在家里一样轻松自在，拥有一个愉快的假期，不是很令人开心吗？这让我感觉自己成了游客们假期中的一部分，好像自己也跟着大家度假了一样愉快。我的工作很重要，不少外国的游客都是因为我的出现，而对巴黎产生了好感。我私下里认为，自己真正的职业，其实是——巴黎市地下公关局长！"说完，服务生眨了眨眼，爽朗地笑了。

安东尼·罗宾对服务生的回答深感震撼，尽管言辞朴实，却能给人一种不同寻常的力量，这种力量就是许多人能够脱离平庸，实现从普通到优秀的秘密所在。这也足以证明，世间没有平凡的工作，只有平庸的态度。唯有喜欢自己的工作，才能发现它的价值，以及其中蕴含的机遇。

美国西雅图有一个特殊的鱼市场，说它特殊是因为这里批发处理鱼货的方式不同寻常。这里的鱼贩们面带笑容，像合作默契的棒球队员一样做着接鱼游戏，那些冰冻的鱼就像是棒球，在空中飞来飞去，大家互相调侃唱和。

有游客问他们："在这样恶劣的环境下工作，你们为什么还能这样开心？"

鱼贩说："原来，这个鱼市场死气沉沉的，大家整天抱怨。后来，我们想开了，与其这么抱怨，不如改变一下工作的品质。于是，我们就把卖鱼当成了一种艺术。再后来，越来越多的创意迸发，市场里的笑声多了起来，大家都练出了好身手，简直可以跟马戏团的演员一比高下了。"

快乐的气场是会传染的，附近的上班族们经常到这里来，感受鱼贩们乐于工作的心情。有些主管为了提升员工的士气，还特意跑来询问："整天在充满鱼腥味的地方干活，怎么能如此快乐？"鱼贩们已经习惯了给不顺心的人解难："不是生活亏待了我们，是我们期望太高，忽略了生活本身。"

偶尔，鱼贩们还会邀请顾客一起玩接鱼游戏。哪怕是怕腥味的人，在热情的掌声的鼓励下，也会大胆尝试，玩得不亦乐乎。毫不夸张地说，每个眉头紧锁的人来到了这里，都会笑逐颜开地离开。

说到这里，我想你也应当意识到了，工作不可能十全十美，只有用感恩的眼光去看待工作，在平淡中去创造精彩，才能保持始终如一的热情，发现工作的魅力。

跳出倦怠，发掘乐趣

> 如果你表现得"好像"对自己的工作感兴趣，那一点表现就会使你的兴趣变得真实，还会减少你的疲惫、你的紧张，以及你的忧虑。
>
> ——戴尔·卡耐基

你有没有过这样的体验？

起初，从事一份工作还觉得动力十足，做事积极，精神饱满。随着时间的推移，渐渐地，开始对工作感到疲乏厌倦，做什么都提不起精神，过去的激情一扫而空，陷入了难熬的状态中。内心很渴望扭转这样的情形，却又感觉心有余而力不足，不知道究竟该怎么做。

其实，这就是所谓的职业枯竭。职业枯竭不是一天产生的，是随着时间的增加在工作的过程中慢慢积累的。个人在工作中的状态，通常有五个阶段：

第一阶段：蜜月期。精力十足，态度积极，对工作有很高的热情和期望值，对工作的满意度也很高，感觉工作是一件快乐的事。

第二阶段：适应期。开始接受正常的工作内容，逐渐进入角色，习惯频繁重复的内容。

第三阶段：厌倦期。对稳定的工作方式、单调的工作内容和环境，产生了一种厌倦感。只是，此时由于个人目标未曾达成，还没有彻底丧失对工作的主动性。

第四阶段：挫折期。由于工作状态日渐消沉，对工作的热情和主动性开始减退，身心出现不协调的状况，以至于工作开始频繁出错、受阻，个人自信心受到了挫折。

第五阶段：淡漠期。出现严重的心理衰竭症状，没有办法继续工作，对周围的人、事表现得麻木冷漠。

从高到低的曲线变化，随时都可能会出现在我们的职场生涯中，这也是为什么很多专家都提倡要做"职业体检"，时刻对自己的职业状态进行"把脉"。毕竟，职业倦怠的危害是巨大的，若不及时解决，会成为个人发展的绊脚石。很多人在出现职业倦怠后，虽然很讨厌目前的状况，找不到成就感，但还是畏惧改变。陷在这样的纠结中，就会给工作带来诸多的负面影响，甚至失去职业增值的机会。

那么，是不是一旦对工作失去了激情，就意味着需要换一个环境，换一份工作了呢？换而言之，跳槽能不能解决职业倦怠的问题呢？

赵先生在职场打拼了十年，在商标代理方面做得还算成功。每次说起自己的工作，他总是眉飞色舞的，很是得意。其实，他也曾经厌倦过自己的工作，甚至还想过要转行，但最终还是坚持了下来，想办法调整了自己的状态，度过了职业倦怠期。

从工商管理专业毕业后，赵先生就去了工商局下属的商标事务所就职。当时，商标事务所还属于垄断性的经营方式，工作内容都是程式化的，赵先生每天要做的就是查询商标、打印文件。时间长了，他就对这份工作产生了厌烦之感，觉得自己就像生产线上的一个螺丝钉，固定地待在一个地方，不能动弹。不过呢，他倒是也从这份工作中收获了一些东西，那就是看多了复印的文件，对业务知识有了一定的了解。

两年后，赵先生因为业务能力强，上手快，被调到了外地工作。工作环境的变化，给他带来了新鲜感，让他重新对工作产生了兴趣。不过，工作的机制还是硬伤，做100件和做200件业务，没有任何区别，只是一个程序的不断重复。每天工作量很大，经常要加班，节假日都要搭进去，可成就感却寥寥无几。就这样，赵先生的一腔热情，又被时间浇熄了。

既然做自己擅长的工作会疲倦，那不如去做自己喜欢的吧！赵先生平日有摄影的爱好，也想过开影楼，但因前期投资太大，加上没有任何的行业经验，就没敢贸然行事。后来，他又琢磨跟爱人一起开连锁的西饼屋，可问题还是一样：没有饮食行业的经验，想发展起来谈何容易？几经思考，爱人提醒赵先生，何不利用自己的所长去规划职业呢？

这番话如醍醐灌顶，让赵先生找到了方向。他摒弃了改行的打算，重新回到了自己熟悉的领域，开始思考：为什么会对做了几年的商标代理工作感到厌倦？反复地询问和剖析，他终于意识到，其实自己不是对这个职业感到厌倦，而是对工作方式产生了厌倦。找到了问题的根源，再去解决就显得简单多了。

四年后，赵先生开始自己创业，继续从事商标代理。角色变了，感觉又不一样了，做得风生水起。有朋友问他，现在不觉得烦了吗？他说："你看看周围，哪一件东西不是商品？哪一件不需要商标？到处都是商机啊，怎么会烦呢？"

现在，赵先生要处理的事情很多，要给员工下指令，凡事都得谨慎思考。他经常跟客户倾心交流，在信息的接纳中擦出灵感的火花。经过这一段时间的自我调节和重新定位后，他的事业峰回路转。而今他最庆幸的，就是自己没有转行，用他的话说："要是连自己擅长的事情都做不好，还能做点什么呢？"

从赵先生的经历中，我们不难看出：做任何工作都有可能会出现心理倦怠，不是换了一个环境，换了一个职业，就能彻底远离它。人是感性的，且天性好奇，在单调的工作环境中待久了，得不到调理，必然会出现倦怠感和僵化感。这就好比，走了很远的路，路边却没有不同的风景，路人也会感到疲劳。

要根治"审美疲劳"，保持积极的状态，跳槽只是其中的一条途径。对绝大多数人来说，不一定都有机会和能力去从事喜欢的事，就算从事了喜欢的工作，也难免会有倦怠期。所以，我们要学会调整情绪，帮助自己走出职业倦怠期，只有具备了这种能力，才能扫平职场中的心理障碍，获得长久的发展。

首先，调整自己的心态和目标。当工作进入平稳期后，激情和新鲜感逐渐冷却，此时应当给自己设立一些新的目标，如完成本职工作后学习外语、新的技能，或是学习理财，抑或参加一些培训，有效地提升自己的工作能力，争取能够胜任更重要的工作。

其次，适当地调整自己，适应环境。如果职业倦怠是因为工作环境的问题，不要一味地去抱怨，要想着如何去改变自己，适应环境。如果领导觉得你工作的拓展力度不够，你可以努力去改变工作现状，向他要求的目标靠拢。如有必要，也可以跟上级沟通。总之，要用心地工作，想办法解决问题，而不能任由负面情绪蔓延。

再次，主动创造新的机会。在平淡的工作中坐等改变，不如主动地去创造机会，加速改变的进程。例如，在重复性的工作中，如何想办法开辟新的途径，让工作变得高效有趣一些？多思考、多实践，也是摆脱职业倦怠的良方。

应对挫折有方法

工作上遇到了瓶颈无法突破时,你是否想过:也许我注定不是这块料,我放弃?

做错了事被上司狠狠批评时,你是否想过:我很委屈,还没有人这样数落过我?

遇到麻烦同事却不肯帮忙时,你是否想过:什么人都靠不住,世态炎凉?

承担重任背负着巨大压力时,你是否想过:太辛苦,太煎熬,不想做了?

这些情景不是假设,在现实的工作中,每一幕都在频频上演;这些心声,也不是假设,在拥挤的人潮中,多数人都有过类似的呐喊。可人生就是这样,没有一路平坦的人生,更没有一路鲜花的职场。谁都会遇到或大或小、或多或少的挫折,关键看你如何去应对、去转化,看你有没有足够的勇气和能力支撑着自己扛过去。

在一家铁路单位的新员工岗前培训会上,一名男生作为代表发言,他信誓旦旦地说:"在踏进公司门槛前,就知道我们是流动单位,是用常年四处游走的足迹来书写漂泊人生的企业。我已经做好了睡工棚、啃馒头、耐寂寞、受甘苦的思想准备。"这一席话，给台下即将步入工作岗位的新员工们带来了鼓舞和信心，场上响起热烈的掌声，我也不由得对这个年轻男孩产生了好感。

时隔半年，当我向单位的领导问及这个男孩的状态时，意外得知，他因为受不了工程单位的流动之苦，没有顺利度过角色转化期，家人几经周折托人给他找到相对稳定的去向后，他向公司递交了辞呈。

我当时的心情是复杂的，有理解也有感叹。人往高处走，水往低处流，本是无可厚非的；可他对挫折的畏惧和对吃苦的抵触，让我不免心生担忧。毕竟，无论跳槽到哪儿，从事什么样的工作，有一个道理是永恒的：企业和老板需要的是有能力解决问题、有勇气承担责任、有信心击败困难的勇士，而不是只懂寻求呵护与照料的"婴儿"。如果你扮演的是一个责任小、义务轻、半独立、半依赖的角色，那终将会被淹没在人群中，被淘汰出局。

相比之下，我遇到的另一位女经理人，她的意志力和抗挫力则相当令人敬畏。

她在怀孕七个月时，丈夫有了外遇，为了让自己活得更有尊严，她主动提出了离婚。祸不单行，那一年，她的母亲出了车祸昏迷数月后瘫痪。可想而知，身边两个至亲至信的人，几乎同时在她身边"消失"，那是一种怎样的痛苦？所有人都觉得，她肯定撑不住了。

可她没有自怨自艾，而是勇敢地接受了现实。在那样艰难的时候，她没有放弃生活的勇气，没有放弃奋斗的意志，而是化悲痛为力量。她请了保姆与父亲一起照顾母亲和孩子，自己在职场努力打拼。几年过去了，现在的她，已是公司最出色的中层，孩子顺利入托，母亲也能在他人的搀扶下走路了。一切，都慢慢地好了起来。

对于这位女经理人，我一直在想：当初那么艰难的日子她都能扛过来，工作中的一点挫折困难，对她而言也就算不得什么了。事实也正如我所想，她说："对苦难的一次承担，就是自我精神的一次壮大。"

人不经磨炼不成才，事不历坎坷难正果。生命就好似洪水奔流，若是一马平川，水势必然平缓；但也只有遇到岛屿和暗礁，才能激起美丽的浪花。这，其实也是自身价值的一种体现。每个在生活和事业上有所作为的人，都是从布满荆棘的那条路上走过来的。

商界"经营之神"王永庆曾经说过："对我而言，挫折等于是提醒我某些地方疏忽犯错了，必须进行理性分析，并作为下次处事的参考与借鉴。这样便能以正确的态度面对人生所不能忍的挫折，并从中获益，挫折的杀伤力就等于锐减了一半。"

遭遇挫折不可怕，重要的是正视挫折，学会自我调节。当你在工作中遭遇不顺、积极性受挫时，不妨试着这样做——

1. 向亲近的人倾诉

心里感到郁闷痛苦时，不要刻意压制，跟身边亲近的人聊聊天，把情绪宣泄出来。当你在向别人倾诉的时候，你的痛苦也会随着语言的倾诉扩散出去，心情也会变得轻松。

需要注意的是，这种倾诉不同于抱怨，你要就事情本身说出自己的感受，而不要去指责环境和他人。当情绪恢复平静后，还要想办法去解决问题。如果你一直抱怨外部环境和他人，寄希望于外因的改变，通常是不现实的，也更容易加剧负面的情绪。

2. 加强自我排练

如果你感觉手上的工作很棘手，不知该从哪儿下手的话，那不妨给自己找一项更艰巨的任务来做。这样的话，你在心理上就会感觉，原来的工作其实并不难，等再度开工的时候，也会充满信心。

3. 学会自我安慰

当你感觉痛苦时，想想别人也曾跟你一样，甚至比你经受的磨难更多，这样虽然无法从实际上减少麻烦，可至少你能得到莫大的安慰。当你跟那些受挫更大、失败更多、环境更糟的人一比较，你就会发现自己面临的困难算不得什么，心里的不平衡感和失落感也会逐渐减少，慢慢恢复平静。

有竞争就会有失败，有失败就会有挫折，失败和挫折是每个人一生的必修课。道理易懂，实践很难。当你真正遇到磨难的时候，能够做到从容地面对，有战胜它的勇气和决心，那你终将会突出重围，一步步走向事业的顶峰。

主动更新自己

某公司的 HR 经理向我讲过这样一件事:

一位大学毕业生到他所在的公司应聘,此人先前有在其他公司任职的经历,工作时间不长,只有半年。问及离职原因,该毕业生给出的理由是:原来的单位没有人给自己安排具体工作,整天无所事事,半年下来什么都没学到,也没有积累下任何经验,感觉自己得不到成长和发展,就想换一个环境。

尽管他说的振振有词,可结果不难猜想,他没有被录用。HR 经理说:"没有人安排具体的工作,这根本不是理由。没有学到任何东西,没有得到任何成长,完全在于他自己没有把握住机会。公司需要的员工不是只会干活的机器,他必须适应激烈的竞争、紧张的节奏,主动去找事做,而不是等谁来安排,等谁来教。"

我也替这位毕业生感到惋惜,他全然不懂得,一个人的成长和成功关键在于自己。时刻等待着别人来指挥你、指导你,而不懂得主动去找事情做,主动去学习,那无异于坐以待毙。在老板的心目中,一个能成事的员工首先应当具备的素质,就是主动工作。有些事情即使老板没有交代,可它是对公司有益的,你也当尽心去做,有时甚至比老板还要积极主动。

打个比方,你可以主动做好办公室的卫生,给领导和同事一个整齐清爽的办公环境;你可以主动了解公司的产品、市场信息和运作流程;你可以跟一线工人接触,了解加工流程和生产技术;你也可以同管理、营销的同事们多接触,多学习一些管理知识和销售技巧。无论是哪方面的内容,只要你认真做了,都会有收获,绝不可能陷入无所事事、碌碌无为的境况中。更何况,你所希冀的那所谓的机会和运气,也都隐藏在这些细微的地方。

著名的演说家霍金斯,深知让客户及时见到他本人以及他的演讲材料至关重要,所以他特意安排了一位助理,专门负责把演讲材料第一时间送到客户手中。

有一次,霍金斯要担任演讲的主讲人,他给自己的助理打电话,询问演讲的材料是否已经送到了客户手中。助理回答说:"没问题,我几天前就已经把东西送过去了。""对方收到了吗?"霍金斯追问道。"应该收到了吧,我是让联邦快递送的,他们保证两天后送达。"

不怕一万,就怕万一,事情偏偏出了差错。客户虽然拿到了材料,可由于当天收到的资料太多,完全没有意识到这份材料的重要性,就随手放到了一旁。等到用的时候,却发现找不到了。结果,演讲的效果远不及预想得那么好。其实,如果当时助理能主动打个电话落实一下,也就不会发生这样的事了。

得知事情的原委后,霍金斯决定重新聘请一位助理。碰巧的是,新助理上任后,霍金斯又要到上次的客户那里演讲。他用同样的问题问新助理:"我的材料寄到了吗？"

"嗯，客户3天前就收到了。"新助理说，"只是我给他打电话时，他告诉我听众可能比原来预计的多300人。您别担心，我已经把多出来的材料也准备好了。以前我跟客户联系时，他也不能肯定最终会多出多少人参加，因为有些人是临时入场的，我担心300份不够，就寄了500份。另外，他问我您是否希望在演讲开始前让听众手上拿到资料？我告诉他，您通常都是这样的，但这次是一个新的演讲，所以我不能确定。为此，他决定在演讲开始前发资料，如有变动可事先通知他。我这里有他的电话，您若有其他要求，我可以今晚打电话联系告知。"听完助理的一番话，霍金斯彻底放心了。

霍金斯只是要求助理寄资料，助理却把他没有交代的事情也做好了。我想，这样尽职尽责、积极主动的助手，没有人会不满意。不要总想着如何被机会青睐，要明白，主动才会有机会，等待是没有结果的。

那么，作为一名普通的员工，如何才能展示出你的主动性，做得比老板更积极呢？

（1）想在老板前面

积极的员工，从来都不会被动地等着老板告诉他该做什么，而是主动去了解自己要做什么，并全力以赴地完成。对于工作中需要改进的地方，争取老板尚未提出，自己就能把考虑成熟的方案递上去，这样的行动是最得老板之心的。毕竟，你真正帮老板减轻了他的精神负担，他可以不再为此占用大脑空间，腾出来思考其他的事情。即便你不能每一个问题都考虑在老板前面，也要努力这么做，久而久之，老板自然会对你刮目相看。

（2）别吝惜私人时间

老板每天工作十几个小时是常事，所以你不要吝惜自己的私人时间，到了下班时间就率先冲出去的员工，是不会得到老板喜欢的。在做好本职工作的同时，尽量找机会为公司做出更大的贡献，即便暂时得不到什么回报，也不要斤斤计较。如此，老板会觉得你是一个踏实肯干的人，而乐于把更重要的事情交给你。

（3）不满足于现有的成就

老板之所以成功，是因为总在追求更高的目标，从不满足于现有的成就。想得到如此优秀之人的赏识，你必须时刻警告自己不要躺在过去的荣誉上睡懒觉，将老板当成自己的合伙人，为了共同的目标而努力。

你若能做到比老板更积极主动，那便没有什么目标是不能达到的了。

无惧"黑天鹅"

"黑天鹅事件"是指不可预知的不寻常事件,就像纳西姆·尼古拉斯·塔勒布(Nassim Nicholas Taleb)在《黑天鹅》(The Black Swan)一书中所描述的那样。我们日复一日、年复一年的生活都需要不断前进。意外并不罕见,出现的频率也不低,而且我们已经学会了如何应对它,或者说至少可以磕磕绊绊地走过。但是"黑天鹅"有所不同——我们一辈子可能也碰不到一次。因此,就像塔勒布所说的那样,我们在遭遇"黑天鹅"时的反应会决定我们的生活轨迹。

既然"黑天鹅"的定义决定了我们无法未雨绸缪,自然也不能因为它而寝食难安,那么我们究竟应该如何应对呢?灵丹妙药是没有的,不过有一个思路,或者说是一个词语可能会非常有用,那就是——适应力。

在工作中总是不缺少突发事件,如果一个人只能按部就班地工作,对于任何突然出现的变化都无法接受和适应,那必然迅速被社会淘汰。

具有良好适应力的人有以下显著特征:

▶ 内心平和。

▶ 高度的自知之明。

- 不同寻常的经历，如有过大起大落的人生、吃过一般人没有吃过的苦。
- 喜欢应对一般的混乱局面。
- 善于沟通、交际面广。
- 活力四射。
- 正直。
- 幽默感。
- 懂得移情。（"我可以感受到你的痛苦"——并非与别人抱头痛哭，而是表现出同情。理解有些人的适应力有限，并且尊敬这些人，不把他们看作"失败者"。）
- 快速作出艰难抉择，不瞻前顾后。
- 果断，但不苛刻。
- 鲜明的个性与同等鲜明的团队合作精神。（这可能是一种理想状态，不过我们可以把它作为目标。）
- 了解规则及其重要性，但在必要的时候回避它。
- 乐意接受新奇思想的挑战，但是总体来说属于实干型。
- 满怀希望。
- 具有良好适应力的机构的显著特征：
- 为各个岗位和各个层次聘请适应力强的员工。也就是说，将"是否表现出适应力"作为考察重点。
- 提拔那些展现出良好适应力的员工，并广而告之。
- 组织具有分散化的结构，可以避免因筹划不周而导致满盘皆输的问题。
- 能够应对紧急情况。
- 居安思危，在平稳时期懂得利用各种变化的因素考验团队，惊醒大家。
- 预留应对突发情况的资源，有重要资料备份的良好习惯。

- 培养全体员工的积极主动、关心与尊敬、执行力、责任心等素质。
- 具有"适应力文化",将其作为明确的机构价值观。
- 全心全意关注一线员工的进取心。(未雨绸缪的一大缺点就是它或多或少地依赖装备精良、成本昂贵的"紧急情况责任人"的反应。但是,大量证据表明,最关键的决策都是由现场人员所做出的——在最敏捷的"紧急情况责任人"到达现场之前。)
- 漫步式管理——在任何时间对任何事情进行现场沟通。
- 良好的透明度。(保证所有人的知情权,不让一个人蒙在鼓里。)
- 利用模拟演练考验整个机构——运动员们经常这样做,你的会计部门怎么就不可以呢?
- 特立独行的人们在被提拔的员工中占到相当大的比例。特立独行的人们总是认为"怪异即正常"。
- 真正的多样性。不同的意见和背景具有无限价值。

第三章

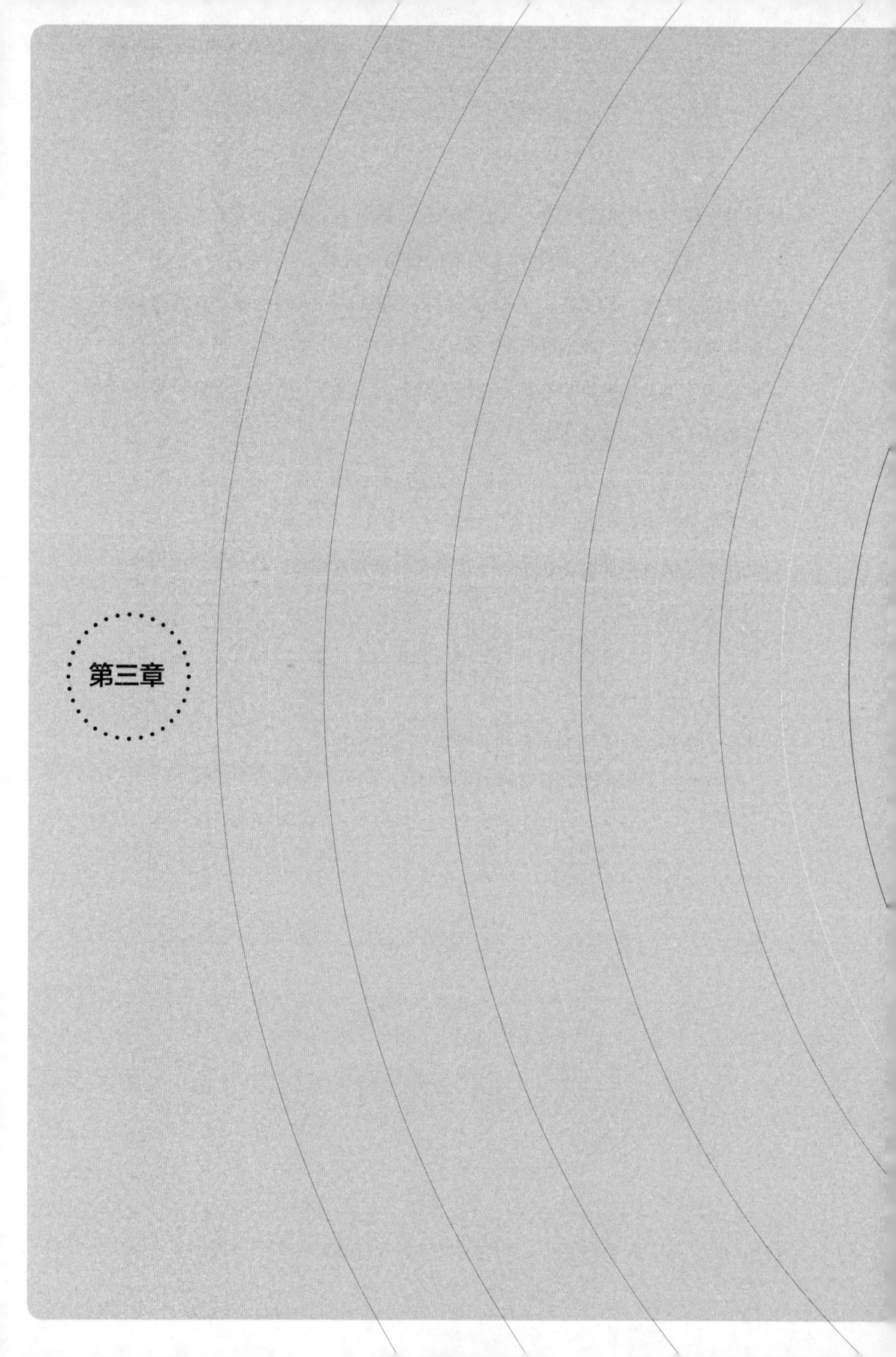

执行力：
一流行动产出一流结果

行动出行家

人生数十载，能够精通一门手艺就很不容易了，但有一个人却精通诗、书、画、印，这个人就是著名画家齐白石先生。如果用两个字来总结他成功的原因，那么非"勤奋"莫属。齐白石一天不画画心慌，五天不刻印手痒，作品数量惊人，质量颇高。

纵观齐白石先生的一生，似乎一直都跟"匠"有缘。齐白石出身贫寒，11岁开始打柴、放牛、捡粪；13岁开始扶犁、插秧、收稻。不过，齐白石并没有放弃学习，在回忆里，他曾写过这样的情景——牛角挂书牛背睡，可见幼时读书之勤。

15岁那年，家里人送齐白石去学木匠。这是一个养家糊口的手艺，齐白石很勤奋地学着那些雕花的木工活。渐渐地，方圆百里都知道了有个姓齐的木匠。不过，他不是一个"安分"的人，看见别人画像，觉得有意思，就偷学了几回，随后径直写真，没想到神形俱像。那时候，乡间有人去世，没有遗像，就会临时请行家来画一个。为了赚钱养家，齐白石不嫌画活儿晦气，照单全收。

后来，有乡绅留意到了这个多才多艺的青年，不忍心看他的天赋被埋没，就主动找到他，问是否愿意学习真正的绘画？齐白石当然愿意，但他担心去读书学画，就无法做工维持生计。乡绅给他出主意，让他一边读书学画，一边靠卖画赚钱。就这样，齐白石认了这位师傅，开启了从木匠转为画匠的生涯。

齐白石最擅长画小虾、小虫等动物，造诣很深。后来，他又学习篆刻，并得了一个"三百石印富翁"的雅号。关于这个雅号，其实是有典故的，我们从中能够领略到这位大师的勤奋与刻苦。

初学篆刻时，齐白石经常不得要领，为此很是苦恼。一次，齐白石去请教一位擅长篆刻的朋友，那位朋友告诉他，想学好篆刻有个窍门：到南泉冲去挑一担础石回来，随刻随磨，等到刻上三四个点心盒，石头都磨成了石浆，你的功夫也就到家了。

听了朋友的指点，齐白石真的这么做了。他弄回许多石料，刻完磨掉，磨完再刻。屋内一个地方弄湿了，换个地方再继续。就这样，不断地移动位置，直到整个屋子没有一块干爽的地方为止。他就那么专心致志地刻，日复一日，年复一年，础石越来越少，地上的淤泥越来越厚。当一担础石都化成了泥，齐白石也练就出了一手篆刻艺术。

齐白石刻的印，雄健、洗炼、独树一帜，达到了炉火纯青的境地。多年后，当齐白石回想起自己学习篆刻的经历，写下了这样两句话："石潭旧事等心孩，磨石书堂水亦灾。"

对齐白石来说，勤奋绝非一时兴起，而是一生的习惯。他对画画和篆刻的坚持，不是为了功名利禄，而是发自内心的喜爱。

优秀的人从来不会因为现有的成就而停留，他们时刻以高标准来要求自己，在勤奋中追求更精湛的技艺。正因为这种勤奋和刻苦，才使得齐白石先生从一个牧童到木匠，从木匠到画匠、雕匠。他的锐意进取、永不懈怠的精神，造就了他中年时期的"五出五归"，以及60岁时的"衰年变法"，和名扬中外的艺术成就。

金子塔尖上的人物，大开大合，成就伟业，固然可羡。可对于平凡的我们来说，世间也有一条路可走，就是像齐白石先生用一生实践这种勤奋刻苦、不断进取的工匠精神，在专注和积累中，成就属于自己的不凡。

打造百分之百的执行力

> 三流的点子加一流的执行力，永远比一流的点子加三流的执行力更好。
>
> ——孙正义

百分之百的执行力，到底有多重要？如果你以往没有思考过这个问题，或许看了北京香山饭店的由来，你就会意识到，不折不扣地落实工作，是多么不可小觑的事。

贝聿铭是美籍华裔建筑师，在1983年获得了普利策奖，被誉为"现代建筑的最后大师"，在业界有着极其崇高的地位。在他看来，建筑必须源于人们的住宅，这绝非过去的遗迹再现，而是告知现在的力量。就是这样一位对工作有着严苛标准的人，其生平期望最高的一件作品，却成了他心头最大的痛，而这件"失败的作品"，就是北京香山饭店。

北京香山宾馆是贝聿铭第一次在国内设计的作品。他想通过建筑来表达孕育了自己的文化，在他的设计蓝图中，宾馆里里外外每条水流的流向、大小、弯曲程度，都有着精确的规划，对于每块石头的重量、体积的选择，以及什么样的石头叠放在什么样的位置，都有着周密的安排；对于宾馆中不同类型鲜花的数量、摆放的位置，随着季节、天气变化调整等，也有明确的说明，真可谓是匠心独运。

贝聿铭说："香山饭店在我的设计生涯中占有重要的位置。我下的功夫比在国外设计的一些建筑高出十倍。在香山饭店的设计过程中，我企图探索一条新的道路。"秉承着这样的理念，他在这次设计中吸收了中国园林建筑的特点，对轴线、空间序列和庭园的处理，显示出了极高的中古古典建筑修养。他坦言，想要帮助中国建筑师寻找一条将来与现代化结合的道路，这栋建筑不要迂腐的宫殿和寺庙的红墙黄瓦，而要寻常人家的白墙灰瓦。

在香山的日子，贝聿铭经常把自己的思想传达给设计师后，就去做其他的事情，然后再回来监督进度，而后向客户汇报。香山饭店凝聚了他对新中国的情感，所以格外重视。

但是，工人们并不理解这位伟大建筑师的构想和志向，他们在施工的时候对细节不屑一顾，根本没意识到，建筑大师的独到之处都是通过这些细节体现出来的。他们随意改变水流的线路和大小，搬运石头时也不分轻重，在不经意中"调整"了石头的重量、形状，摆放的位置也没有按照设计的进行。

结果可想而知，建造出来的东西早已不是贝聿铭当初设计的样子。看到自己的精心设计被工人弄成这样，贝聿铭心痛不已。这座宾馆建成后，他一直都没有去看过，他觉得这是自己一生中最大的败笔。

看到这里，你一定也会感叹：倘若一切流程都按照贝聿铭当初设想得那般来进展，也许我们就可以领略到一座别有风韵的建筑了。这也充分说明，设计安排得再好，不表示结果就好，这两者之间还隔着两个重要的字：执行！执行到位，才有可能产生预期的结果；执行不到位，结果就可能谬之千里。

这样的事情，我们在职场中也很常见。有些人在工作时马马虎虎，没有全力以赴地把事情做到百分之百，自认为没什么大不了，不会差太多，等结果出来了才知道，与预期的大相径庭。表面看起来，似乎也是付出了，但这种付出和行动，并没有多大的意义。

你以为做到90%就好了，那你是否知道这个数学等式：90%×90%×90%×90%×90%=59%。每个细节都只做到90%，看似"很不错"，但最终的结果可能是一个不及格的分数。面对清晰的蓝图和明确的工作目标，不能打任何折扣，哪怕是99%也不行。

执行就好比在墙上敲钉子，钉不到点上，钉子要打歪；钉到了点上，只钉一两下，钉子会掉下来；钉个三四下，过不久钉子仍然会松动；只有连钉七八下，这颗钉子才能牢固。工作需要的是精品意识，要以完美为标准，把精品意识融入工作的全过程中，力求每一道工序、每一个环节都能精益求精。

《今日美国》的创办人艾伦·纽哈斯，就是一个讲究完美执行的人。他生平经历坎坷，两岁丧父，寡母尽一切努力维持生计。十几岁时，艾伦就开始利用假期在南达科他州祖父的农场里做工，那是他的第一份工作：赤手在牧场上捡牛粪。

一般人都不愿意做这份差事，嫌它又脏又累，艾伦心里也渴望自己是放马的，但祖父却偏偏安排他去捡牛粪。看上去，这份工作根本不像样，可艾伦做得很认真，还取得了不错的成绩。仅仅一个假期的时间，祖父的储草间里就堆满了他的"工作业绩"。

一年后，又到了假期打工的时间，艾伦的母亲开着福特车来接他，告诉他由于去年夏天他捡牛粪的出色表现，祖父决定让他做放马的工作。就这样，他在工作岗位上得到了第一次提升，对此他很高兴。恰恰是从那时起，他心里坚定了一个信念：只要把手头的工作百分百地做好，一定可以慢慢实现自己的理想。

后来，艾伦到南达科他州的一家肉铺帮工，薪水是每周1美元。在别人看来，这份工作也好不到哪儿去，可他却很满意，至少比当年捡牛粪的差事强多了。他努力做好肉铺师傅交代的每件事，让他切肉就切肉，让他剔骨头就剔骨头，把一切都做得很完美。

这种做事做到位、完美执行的习惯，帮助成年后的艾伦成为美联社的一个实习生。再后来，他成了每星期赚50美元的美联社记者。多年过去后，他成了加内特报业集团的首席执行官，还把该公司变成了美国最大的报业集团，年薪150多万美元。

艾伦·纽哈斯后来创办了美国第一家全国性的报纸，也是美国被模仿最多、阅读面最广的报纸，即《今日美国》。回想起过往的经历，他的心得就是："要做就做到最好，这种百分之百的执行力改变了我一生的命运。"

优胜劣汰的丛林法则，在职场中同样适用。想在竞争中拥有克敌制胜的资本，站稳脚跟不断前行，就得具备百分之百的执行力，力求把任何工作都做到最好。如此，才不会有人轻易取代你的位置。要做到完美执行，就得严格要求自己，全力以赴，不敷衍、不糊弄，像钉钉子一样，一板一眼，扎扎实实。有了百分之百的执行力，就有了无往不胜的竞争力。

激情实现梦想

身在职场,你有没有认真思考过这个问题:在人才济济的公司里,什么样的人最容易引起老板的注意?什么样的人最容易在事业上获得成功?

我听过的答案有很多,取其关键词大致是忠诚、敬业、细心、创新等,我不否认拥有这些职业素养和工作习惯的员工,的确会得到老板的赏识和认可。但很少有人深思,在这些品质和行为的背后,究竟是什么力量在支撑着他们呢?

是激情和热爱!一百多年前,英国前首相本杰明·迪斯雷利说:"一个人只要跟随自己的内心激情采取行动,就可以获得伟大的成就。这种人不管身处何种环境,都会比普通人更容易获得成功。"如果一个人发自内心热爱他的工作,充满激情地做事,他的工作效率和结果跟满腹牢骚、被动行事的人完全不同。在解决问题时,他能做出120%的成果。

励志大师卡耐基把激情称为"内心的神",他说:"一个人成功的因素很多,处于这些因素之首的就是激情。没有它,无论你有什么样的能力,都发挥不出来。"

黎巴嫩诗人纪伯伦对此更是有一番浪漫的解释:"生命是黑暗的,除非是有了激励；一切激励都是盲目的，除非是有了知识；一切知识都是徒然的，除非是有了工作；一切工作都是空虚的，除非是有了爱。工作是眼能看见的爱。倘若你不是在欢乐地却厌恶地工作，那还不如撇下工作，坐在大殿的门边，去乞求那些欢乐地工作的人的周济。倘若你无精打采烤着面包，你烤成的面包是苦的，只能救半个人的饥饿。你若是怨望地压榨着葡萄酒，你的怨望，在酒里滴下了毒液。"

然而，我们大都有过这样的经历：长时间地在同一环境下工作，几年后顺理成章地成了技术娴熟的骨干，可日复一日重复着同样的事情，就产生了一种被掏空的感觉。加之领导很少给予自己表扬，偶然还会责备自己做得不够多、不够好，心中的成就感逐渐被一种无助感所取代，做事变得提不起精神，觉不出有什么意义。

渐渐地，初入职场时的那份新鲜感和热情没有了，每天上了班就希望早点下班，工作中稍遇不顺当的事，跳槽、换个环境的想法就像毒芽一样刺痛着你。有时，真的随着心思这样做了，可跳槽的结果，却是让自己的情绪再度陷入失落中。因为，几乎一切都要从头再来，换了一个环境后，并未实现自己预期的愿景，甚至还不如从前。就这样，跳槽的念头再度萌生，恶性循环无休止地继续着。最终，忙忙碌碌几多年，却没做出任何出彩的成就。

之所以会出现这样的情况，是因为多数人的心中有个错觉，认为激情是无法控制的，受外界条件的限制。事实上，外部的环境只能给人带来短暂的新鲜感，要获得长久的激情，还是需要自己来创造。至于方法，有如下几条建议：

1. 认识工作的价值，并由衷地爱上它

要想保持对工作恒久的新鲜感，你必须发自内心地去热爱你所做的事，改变工作只是谋生手段的想法，把它跟事业成功联系起来。我认认识的一位人力资源部经理说："至今工作快十年了，我的工作就是与人打交道，遇到的麻烦很多，有时一项决定下来很容易得罪人，可我会自我调节。我保持工作激情的方法就是，

不断发掘工作的魅力，不断地去征服它，把克服困难当成成长、成熟的途径。每次解决完一个问题，我心里就会多一分成就感，这种感觉支撑着我去迎接下一个难题。"

2. 挖掘新鲜感，不断树立新的目标

西门子移动电话研发部的达姆德先生一直都是个充满激情的人，可有一段时间，他总是闷闷不乐，同事开玩笑说是他太不知足。达姆德说："我不是为了薪水想不开，我是在想，咱们整天坐在研发室里，总该有个长远的目标，有点儿激情，要是没有新的创意，这工作有什么意义啊？"达姆德下定决心，一定要让公司的产品在自己的独创性开发下有质的飞跃。

无意间的一天，达姆德在地铁里发现几乎所有的时尚男女都随身带着手机、相机和袖珍耳机，这给他带来莫大的灵感：如果把这三个最时髦的东西组合在一起，都运用到手机上，不是一个很好的创新吗？

第二天，他就把自己的计划告诉了主管，主管也为之激动不已。没多久，一款具有拍摄和听音乐功能的手机问世了，由于它独具商业创意，一上市就大受青睐。

工作中，正是有了不断变化的新目标，才让新鲜感能够持久，新创意不断涌现。

3. 以最佳的精神状态出现在公司

没有哪个老板喜欢看到自己的员工终日愁眉苦脸的，就算工作不尽如人意，也要学会掌控自己的情绪，让一切变得积极起来。情绪这种东西是可以互相影响的，如果你总是激情饱满、热情洋溢地工作，就会既有效率又有成就，你周围的同事也会受到鼓舞，变得积极主动起来。

一家连锁洗衣店的经理，刚到店里任职时，店里的员工萎靡不振，看上去已经厌倦了平日的工作，有的已经打算辞职。然而，他的到来却改变了这种情况。他每天第一个到公司，微笑着跟陆续到来的员工们打招呼，把自己的工作全都列在日程表上。他热情洋溢地招呼每一位顾客，顾客们都很喜欢他，在他的带领下，店里的业绩逐步上升，那些本想辞职的员工，突然觉得找到了工作的乐趣，状态较之前积极了许多。年底，总部将其评为优秀经理，并把他的工作方法推广给其他的连锁店。

查理·琼斯说过："如果你对自己的处境都无法感到高兴的话，那么可以肯定，就算换个环境你也照样不会快乐。"言外之意，如果你对自己所做的工作、自己的定位都无法感到高兴的话，就算你获得了自己想要的东西，你一样不会开心。

在充满竞争、你追我赶的职场中，谁能够始终如一地陪伴你、鼓励你、帮助你？老板、同事、下属，都不可能做到这一点，只有你自己才能激励自己更好地迎接每一次挑战。要改变工作的处境，先改变你的心境吧！不断地给自己树立目标，挖掘对工作的新鲜感，满怀激情地投入到每一天的工作中，最大限度地释放个人潜能，你就能够出色地解决各种问题，成为卓尔不群的员工。

方法总比困难多

很多员工把业绩不好的原因归咎于外部环境，如整个行业不景气、内部的激励制度有问题、销售渠道过于狭窄等，总而言之一句话：不是我不努力，是实在没办法！

每当听到这些解释时，我就给他们讲一件和奥运会有关的事。

当北京申奥成功的消息传出时，举国沸腾。大家都在为中国的国力得到承认而高兴。可是，很少有人知道，在1984年以前，奥运会并不是每个国家都想争办的事情，愿意和敢于去申办奥运会的国家没有几个。原因很简单，在很长的一段时间里，举办奥运会是赔钱的。

1984年，美国洛杉矶奥运会的举行，成为一个历史性的转折点。这届奥运会，美国政府没有掏一分钱，反而盈利2亿多美元，可谓是创造了一个奇迹。

这个奇迹的缔造者，是一个名叫尤伯罗斯的商人。最初，尤伯罗斯并不愿意接受这项任务，可他终究没能架得住一而再，再而三的邀请，只得点头同意。尤伯罗斯把整个奥运活动跟企业、社会的关系进行了全方位的考虑，并想出了很多能让奥运会赚钱的点子。其中，最绝妙的应当是，拍卖奥运会实况电视转播权，这在历史上可是从来没有过的。

刚开始，工作人员提出的最高拍卖价是1.52亿美元，这在当时已经称得上是"天文数字"了，尤伯罗斯却说："太保守了！"之所以这样说，是因为他发现人们对奥运会的兴趣在不断高涨，这已是全球关注的热点了。电视台利用节目转播，已经赚了很多钱，倘若采取直播权拍卖的方式，必然会引起各大电视台的竞争，价格也会不断抬高。

一切，恰如尤伯罗斯所料。最终的结果，仅仅是转播权一项，就为他筹集到了2亿多美元的资金。

美国作家理查德·泰勒在《没有借口》一书中说过："你若不想做，会找到一个借口；你若想做，会找到一个方法。"回到文章的最初，再结合尤伯罗斯的事迹，我想这应当是对成功与失败的原因最合理、最恰当、最巧妙的解释了。

一个人能否做成、做好一件事，关键在于态度。你若总想着去找借口，心安理得地逃避，不去采取行动，并安慰自己说"我没有真正放弃这件事，我只是没办法"，那结果只能是失败。你若抱着必胜的信念，一门心思考虑如何来解决困难，绝对不给自己找半点退缩的理由和借口时，那你往往就能够找到解决问题的办法。

1953年11月13日凌晨3点钟，丹麦首都哥本哈根消防队的电话响起，22岁的消防员埃里希接到一位女士的求救电话，对方称自己撞到了头，流了很多血，头晕得厉害，且无法说清楚自己的姓名和住址。

埃里希让这位女士不要挂电话，随即开始联系电话公司，查询来电者的信息。不料，接电话的人是守夜的警卫，根本不知道如何查询，且当天是周六，无人值班。他挂上电话，问那位女士是如何找到消防队的电话的？对方说，消防队的电话就写在话机上。埃里希问，那是否有你家电话的号码？那位女士说，没有。

埃里希又问对方，能否看到什么东西？窗户是什么形状的？她是否点着灯？以此来判断她所在的区域。当他还想继续问下去的时候，电话里不再有任何声响。埃里希知道，必须马上采取行动，否则对方会有生命危险。可是，能做些什么呢？

埃里希打电话给上司，陈述案情。不料上司却说："没有任何办法，不可能找到那个女人。"说这番话时，上司还带着埋怨的语气，指责那位女士占了一条电话线，万一哪儿发生火灾，会误了大事。

埃里希并不想放弃，他谨记救命是消防队员的天职。突然，他灵机一动想到了一个妙招。十五分钟后，20辆救火车在城中发出响亮的警笛声，每辆车在一个区域内四面八方跑动。电话那头的女人已经不能再说话了，可埃里希仍然能够听到她急促的呼吸声。

十分钟后，埃里希喊道："我听见电话里传来警笛声！"队长透过对讲机下令，让警车逐一熄灭警笛，直到埃里希听不到警笛声，以此确定来电者在哪辆救火车所在的区域。确定之后，再让这辆警车在区域内巡逻，以警笛声音的大小来判断具体的地点。

终于，区域确定了。这时，队长用扩音器大声喊道："各位女士和先生，我们正寻找一位生命垂危的女士，她在一间有灯光的房间里，请你们关掉自家的灯。"所有的窗户都变黑了，除了一个。

过了一会儿，埃里希听到消防队员闯入房间的声音，而后一个声音向对讲机说："这位女士已失去知觉，但脉搏还在跳动。我们立刻把她送往医院，相信还有希望。"海伦·索恩达，那位女士的名字，她得救了。几个星期后，她恢复了记忆。

一件几乎被认为不可能的事，在埃里希的坚持和努力下，竟然做成了。这无疑再次印证了那句话——"如果你真的想做一件事，你一定会找到一个方法；如果你不想做一件事，你一定会找到一个借口！"

成功只会拖而不得

回想一下，这些情况是否经常出现在你的工作中——
◆ 选择最容易但最不重要的事做，越重要的事拖得越久。
◆ 白天能做完的事，一定要拖到晚上加班来做。
◆ 很难立刻行动，总要推迟到心情好到想去做的所谓"最佳时刻"。
◆ 每次老板或同事问及工作进展时，总说"我再看看"。
◆ 平日里很懒散，很多事都想着明天再做。
◆ 要做事时脑子里突然冒出很多想法：先忙点别的，稍后再开始。
◆ 越计划越复杂，最后彻底绝望，干脆取消计划或无限期推迟计划。
◆ 习惯等待，等到全部细节到位、确有把握的时候再去做。
◆ 经常因为时间紧迫，草草交差，结果被同事和老板责怪。
……

如果这些描述戳中了你的心，那么你就要注意了！这种行为在心理学上有一个专属名词：拖延。它的意思是指个体长期有意或无意延迟为达到目标而必须完成的工作，使得工作直到最后期限才勉强完成，甚至无法完成的一种行为。

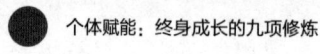

老板们如何看待喜欢拖延的员工呢？

"现在的年轻员工，自觉性越来越差，很多事情交给他们真是不放心。"北京一家对外贸易公司的负责人刘总如是说。

有一次，刘总安排一位年轻下属做一项很简单的工作，大概两个小时就能完成。交给下属后他就没再问。几天以后，他刚好要进行别的工作，让下属将准备好的东西交给他，下属吞吞吐吐地说还没弄好。刘总问为什么将近一周的时间还没做好？下属解释说："您说这个周末以前交给您，明天才周末，我想临近下班时再给您……"

老板虽然只交代了一个大概的期限，可这么简单的事情拖了一个周还没动手做，一定要等到最后期限才去做，老板听了之后心里自然会很不痛快。今天能做的事，为什么要拖到明天？现在能做的事情，为什么不马上去做？

拖延，往往会引发一些悲惨的结局。

凯撒大帝在接到报告时没有立刻阅读，结果一到议会就丢掉了性命；美国独立战争时期，英国的拉尔上校正在玩纸牌，忽然有人递来报告说，华盛顿的军队已到德拉瓦尔了。拉尔上校没有立刻回应，直到牌局结束才采取行动，结果全军被俘，自己战死沙场。

战场容不得拖延，职场亦如是。

阿莫斯·劳伦斯说："养成凡事立即行动的好习惯，这样才可以站在时代潮流的前列。而一些人的习惯则是一直拖延，直到时代抛弃了他们，结果就被无情地甩到后面去了。"

职场从不缺乏雄心壮志者，为什么多数人都不能如愿以偿，有的甚至一直在温饱线的边缘徘徊？不少商界巨擘给了我们答案——很多本可以更优秀的员工，都是因为拖延，错过了最好的机会，蹉跎了他们的职业生涯。一个习惯拖延的员工，你无法想象他能够全身心地投入到工作中去，他会为没有完成的工作找借口，会为没有按照工作计划实施编造理由，在欺骗领导的同时欺骗自己。

公司的管理者也好，普通的职员也罢，想提升工作效率，就要把该解决的问题即刻处理掉，一分钟也不要拖延。歌德曾经说过："只有投入，思想才能燃烧。既已开始，完成在即。"不管什么时候，当你感到拖延和懒惰正悄悄地向你逼近，使你缩手缩脚、懒散懈怠时，请放下所有的幻想和借口，在1分钟内让自己行动起来！只有行动，才能战胜拖延与懒惰的恶习！

那么，如何戒掉拖延的习惯，有效提升执行力呢？

1. 拒绝借口，按每天预定的计划工作

喜欢拖延的人，往往都有很多借口：工作辛苦、环境不好、老板的安排不合理等。事实上，这些都算不得问题，也不是不能克服的，只要肯动脑子事情总能完成。在任何情况下，都不要给自己找借口，严格按照计划去做事，可以有效地提高工作效率。

2. 鞭策自己，给予自己看得见的奖励

今日事，今日毕，不要总想着拖延到明天。在拖延中耗费的时间和精力，其实足以让你把那件事做好。工作中要时刻鞭策自己，把今天该做的事做完，并且要在完成任务时给予自己奖励，作为一种激励。

3. 时刻谨记，老板永远不会等自己

没有哪个老板能够长期容忍办事拖拉的员工，为了企业的生存发展，他们永远都是追求效率的。想得到老板的信任和青睐，最实际的办法就是让手里的工作及时消化，保持"罗马应该在昨日建成"的心理状态，对老板交代的事情，在第一时间着手处理，争取早日完成任务，让老板放心。

任何伟大的工程都始于一砖一瓦，任何不凡的成就都始于一跬一步，只有行动才能换来结果，只有行动才能从普通走向卓越。行动，不是未来的某一天，也不是明天或下一刻，而是现在！把握住现在，把握此刻的一分一秒，每天保持一种时不我待的紧迫感，就能够远离拖延，成为一个做事高效、善于执行的人。

做好才是执行到位

A在一家地产公司做文案,月薪3000元。她写的稿件漏洞百出,老板看过后很不满,当即发怒让她重写。没想到,心高气傲的A竟然狠狠地回了一句:"一个月3000元,你还想怎么样?"老板愤怒极了,可又无可奈何,只得摆摆手请她走人。

B也来这家公司应聘,起薪同样是3000元。可一个月后,她的工资就涨到了6000元。因为老板要的文案,她不仅写了,还拿出两个以上的风格让老板挑选:一个是按照老板的要求写的,一个是她自己的想法和建议。

事实上,B并不是刻意做给老板看,她只是很喜欢写东西,习惯琢磨怎样写会更好。同时,她也很珍惜自己的文字,觉得那关系到个人品牌,所以做得很用心。遇到了如此用心的好员工,老板当然不会吝啬多给她一点报酬,表示对她的认可和鼓励。

工作不能只满足于"做",更要力求于"做好"!

坦白说,我听到不少员工说过这样的话:"我没比谁干得少,凭什么涨工资的是他，升职的是他，外派出国的是他？"是啊，凭什么呢？你要知道，老板都是心明眼亮的，你做了多少事他都看在眼里，别人做了多少事他也心知肚明，你看到或许只是别人跟你做着同样的工作，可老板看到的绝对是不一样的工作成果。

我认识的一个房地产推销员，工作特别认真，在团队里算得上是精英人物，在顾客眼里也是最值得信赖的业务员。能得到一致的好评，源自她的优质服务，有顾客坦言："她不是那种卖掉房子就不管不顾的人，我在买了房子后，她对我依然是那么热情。"

她的工作做得很仔细，比如：注意了解供水的情况，帮顾主安装电话；熟悉当地某学校某年级学生教师的比例，能够叫出老师的名字；知道附近的公交车通往哪儿，走什么路线最便捷等。每当有新住户搬进新家后，她都会准备一份小礼物，在住户来的时候送给他们。礼物虽小，可情意浓浓。与那些在介绍楼盘时热情微笑、卖掉房子后冷若冰霜的人相比，她的真诚、热情、细致着实温暖了不少客户的心。

海尔集团的董事局主席张瑞敏总在向员工灌输这样的理念："说了不等于做了，做了不等于做对了，做对了不等于做到位了，今天做到位了不等于永远做到位了。"

对待工作，不能只停留在"做"的阶段，满足于"做了"的标准，而是要力求"做好"。

举个简单的例子。老板让你给客户打电话，你打了，可是对方没有接。表面上看，这件事情你的确是"做了"，可这样的"做了"跟"没做"有什么区别呢？如果你把这样的结果告诉老板，他会有何感想？客户没有接，你可以试着再打一次。或者考虑一下你打电话的时间是否合适？是不是对方在开会不方便接听？除了尝试这一个电话号码外，还有没有其他的途径可以找到客户？

"做了"和"做好",尽管只是一字之差,可两者却有本质上的不同。前者只是走过场、注重表面形式,后者却是实实在在对组织、对工作的结果负责。在老板眼里,一个员工的执行能力的强弱,关键在于他是重视"做了"还是"做好",只有"做好"才是真的"做了"。

那么,怎样才能称得上"做好"呢?很简单,就是做到100%令人满意。

一家公司的年度表彰会上,完成任务的员工受到了奖励,没有完成任务的员工只能眼巴巴地看着。私下,一位没有完成任务的员工抱怨:"我已经完成了任务的90%,任何奖励也没有,真是有点心寒,就算没有功劳也有苦劳吧?"

部门负责人无意间听见了这番话,知道这不是个别员工的想法。会上发言时,他说:"我知道,很多员工也付出了很多辛苦,但是没有得到奖励,心里有些不平衡。对此我想说,即使你完成了99%的任务,也不应该受到奖励,因为99%和70%或者是40%是一样的,都属于没完成任务。也许你会说,99%和100%的差别有那么大吗?有!这就像长跑比赛,你在99%的时间里占据了优势,可是最后的1%你放弃了、落后了,你就不能当冠军。任何事情,只有做到100%才是合格,才算做好。"

其实,任务只是一个载体,老板要的不是任务本身,而是通过任务给企业带来实实在在的益处。所以,对待工作,既然选择了做,那就竭尽全力去做好,尽你所能为企业提供它需要的结果,力求真正地执行到位。

做分外事，得分内果

无论一个企业的规模多大，规章制度多么健全，职务说明多么详细，它也不可能把每一个员工的任务和应做的每一件事情，都讲得清清楚楚。总会有一些临时的事情需要做，但又没有明确指出具体该由谁去做。面对这样的情况，如果每个被指派的员工都说："这不是我的事""凭什么要我来做"，抱着斤斤计较的心态，那么可想而知，这个企业的凝聚力、竞争力会变得越来越低，因为没有人愿意为之付出。

多年来，我们一直提工匠精神、雷锋精神、钉子精神，其实里面有一个突出的核心，那就是全心全意为了组织而工作，不计较个人的利益，更不去想安排下来的任务是"分内"还是"分外"，只要是对大局有利的，都尽心尽力去做。

有一位大学毕业生，进入社会后的第一份工作是在英国大使馆做接线员。在大多数人眼里，这种工作没什么技术含量，根本无须花费太多心思，就是接接电话而已，太简单了。可就是这份工作，却让她成了大使馆里最"火"的接线员，她的电话间成了大使馆的信息中转站，甚至连大使们都亲自跑到电话间来表扬她。

她究竟做了什么，能让自己如此受欢迎和重视？

原因就是，她除了像其他接线员那样每天转接电话之外，还做了其他接线员没有做的"分外事"，把使馆里所有人的名字、电话、职务、工作范围甚至他们家属的信息都背了下来。只要一有电话打进来，她就能迅速而准确地帮对方转接过去。如果对方不清楚要找谁，她就会询问对方的一些信息或要处理的事宜，根据自己的判断来帮对方找人。

时间长了，使馆里的人都知道有个接线员特别认真，每次外出都会告诉她，可能会有什么人打电话给自己，有什么情况要转告对方，哪些电话需要转接给哪位同事，甚至连私事也会委托她通知。

由于工作用心、表现优秀，她很快就破格被调到了英国某报社，给资深的记者做翻译。起初，资深记者还看不上她，可仅仅用了一年的时间，她就让对方改观了，且发自内心地对同事夸耀："我的翻译比你们的都要好。"之所以这样说，是因为不管他交代什么工作，她都会努力做到最好，甚至把一些没有交代的事情，也主动做了。

没过多久，她又被破例调到了美国驻华联络处，之后担任中国外交学院副院长，驻澳大利亚使馆新闻参赞、发言人，中国外交部翻译室副主任、中国驻纳米比亚大使。她，就是任小萍。

从接线员到驻外大使，两者之间的距离，看似很遥远。可任小萍却把它走成了一道顺畅的直线，成就她的就是那份不计较多做一点儿事情的态度。多少接线员，就只做眼前的那点事，当对方不清楚找谁的时候，通常就会告知，请查清楚后再拨打电话；遇到要找自己不熟悉的人员，就一页一页地翻看电话簿，等把电话转过去，可能已经一两分钟了，如果有急事的话，可想而知对方是什么心情。

任小萍把接线员的工作做到了极致，没有去区分什么"分内事"和"分外事"。她没有像一些爱计较的人那样，心想着："我拿的是一份接线员的薪水，干吗要那么认真"。她的想法很简单，只要是和工作有关的事，都是自己的"分内事"，没必要计较得失。

不同的心态，带来不同的结果。优秀者比平庸者多的，不一定是智慧和能力，也不一定是运气和机会，而只是多付出的那一点点。在没有人监督和命令的时候，优秀者依然能够主动挖掘自身潜能，多承担责任和义务，从而慢慢与平庸者拉开距离。

那么，对普通员工来说，"多做一点儿"的具体表现都是什么呢？

第一，主动熟悉公司的一切。做好工作的前提，是熟悉公司的一切，包括公司的目标、文化、组织结构、销售方式、经营方针、工作理念，等等，要有一种主人翁的心态，像老板一了解自己所在的企业，这样的话，才能在日后的工作中采取更有针对性的工作方式，效率更高。

第二，不等着别人交代。如果一个员工总是习惯等着别人给自己"下命令"，他就会从思想上降低工作的积极性和效率，且还会养成"只做自己喜欢的事"、"有所为而为"的习惯。如此一来，就很难做到主动行事，即便是被安排任务，也会想方设法拖延、敷衍。看似轻松了，其实无异于"画地为牢"，将自己圈在了平庸的领地内。

第三，工作时不偷闲。优秀的员工在完成一项工作后，总是会去翻看工作日记，看目标是否都已达到，是否还有需要添加的任务，还需要学习点什么，扩充自己的知识和能力。总而言之，在任何闲暇的时候，他们都能主动去找事做，以提升自己。

第四，主动承担分外之事。不少大公司都认为，一个优秀的员工不仅仅是完成自己的既定任务，还会主动承担自己工作外的事情，哪怕老板没有交代。这样的员工，总能在工作之余学到更多的东西，熟悉各个部门的工作流程，为将来积攒做管理者的资本。

第五，主动提建议。当发现老板或同事处理事务的方式效率不高，而其本人并未察觉，或不知如何改进时，可主动建言献计，提出合理化的建议。如此，不但能给自己赢得好人缘，利于同事间的合作、提升工作效率，还能给老板留下深刻的印象。要做到这一点，就必须主动了解公司的运作流程、业务方向和模式，以及如何盈利，关注市场走向，分析竞争对手的情况，这一系列工作可能不是你的本职工作，但若在工作之余多了解、多思考，往往能给你带来更广阔的空间。

第四章

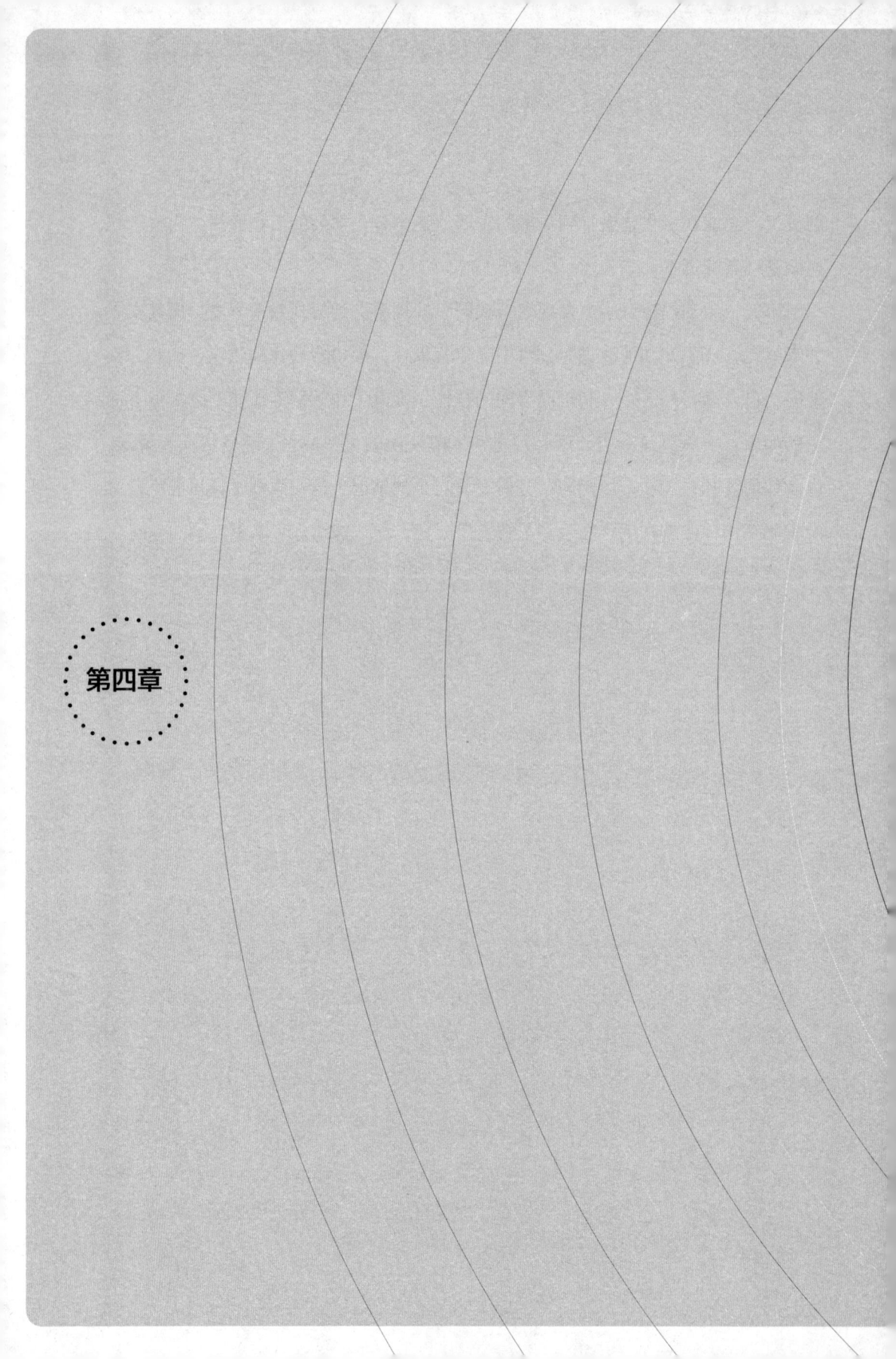

沟通力：
拆穿工作的围墙

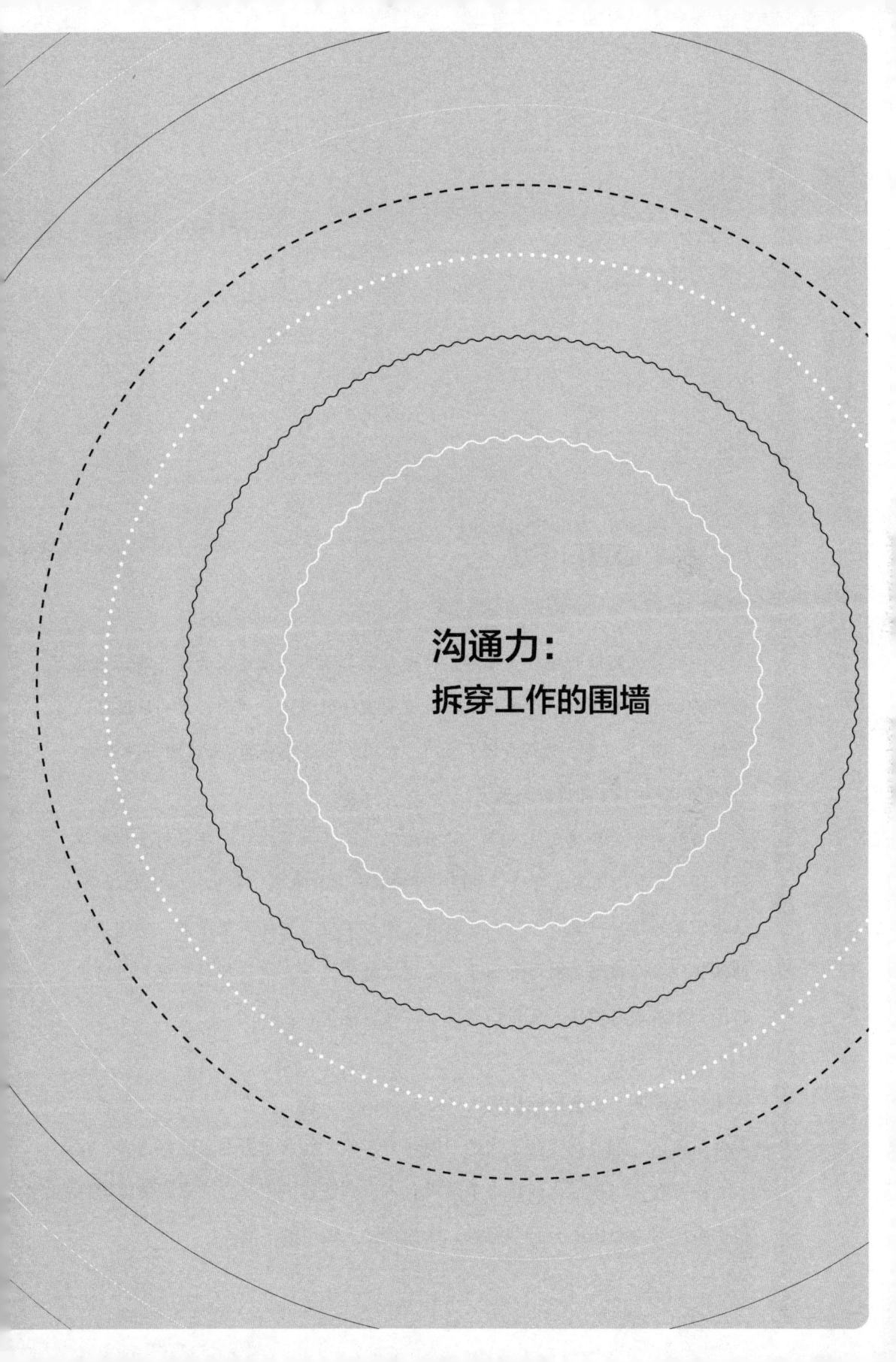

心直口不快

　　一位心性高傲的年轻女律师，辩论时总喜欢用咄咄逼人的姿态展示自己伶俐的口才。有一次，她参与了一个重要案件的辩论。席间，最高法院的法官说了一句："海事法追诉期限是六年，对吗？"话音刚落，女律师当即指出："法官，海事法没有追诉期限。"

　　法庭内顿时变得鸦雀无声，似乎连温度都降到了冰点。年轻的女律师说得没错，海事法确实没有追诉期限，可她在大庭广众之下指出了法官的错误，让法官很难堪。只见，法官脸色铁青，闭口不言。这位声望卓著、学识丰富的法官，当众被伤了自尊和面子。看到这样的情景，女律师也意识到，自己犯了一个不该犯的错，可话已经说了，覆水难收。

法律公正严明，不会偏向任何人，可有些话如果换一种方式说出来，如暗中提醒或旁敲侧击，都会比直截了当地毁掉对方形象、伤害对方面子要好得多。很显然，女律师在开口说话之前，根本就没有考虑到法官的感受，如果她能委婉一点，也许事后对方对她还会心存感激，欣赏她做人做事的态度。

生活中，我们经常会看到一些迷路的蜻蜓，在房间里乱飞，每次撞到玻璃都会挣扎半天，才会恢复神智。随后，它会在房间里绕上几圈，再鼓起勇气朝着玻璃撞去，最后还是碰壁而归。其实，旁边的门是开着的，它只要拐个弯，完全就能飞出去。

职场中与人沟通，道理也是一样。许多性格直率的人，在工作中总是处处受阻，迟迟不得志，问题就出在不会说话上。工作场合中的人际关系，是一种理性的关系，上司、下属和同事，不同于亲人和朋友，往往保持着一种距离，彼此说话不能够太直接。如若不然，轻者惹人不悦，重者引发冲突，闹得不欢而散。想要在职场中做到不惹人讨厌，就需要注意说话的方式方法。

某商场的女装柜台前，一位女顾客要求退货，说丈夫认为自己新买的外衣不好看，不适合她。谨慎的售货员仔细检查后发现，那件衣服已经穿过，且有明显干洗过的痕迹。看到女顾客趾高气扬的样子，售货员觉得很不舒服，衣服明明是下过水的，还精心伪装成没穿过的样子，她刚想开口揭穿真相，却被旁边的主管拦住了。

主管做销售近十年，这样的事情不是第一次遇到。她对女顾客说："我想知道，是不是您家里的某位成员把衣服错送到了干洗店？前些天我们家就做了这样的事。我把刚买的一件衣服和其他衣服一起放在了沙发上，我爱人没注意，直接把衣服都扔进了洗衣机。我想：是不是您也遇到这样的事了？因为这件衣服确实看得出，已经有洗过的痕迹，我可以给您拿一件新的，您对比一下……"说完，她就热情地给顾客拿了一件新衣服，细细对比。

女顾客闭口不言，知道无可辩驳。为了缓解尴尬的气氛，主管连忙圆场："可能是您的家人没在意，才把衣服送到了干洗店。"女顾客顺水推舟，说可能是自己没注意，收起衣服就离开了。一场可能点火就着的争吵，就这样避免了。

事后，主管对女售货员说："如果我不拦着你，你是不是要当面说出她穿过、洗过那件外衣呀？我知道你是一个性格直率的人，你的判断是对的，不能退货也是真的，可你不能直言揭穿顾客的错误。你直言把她拆穿，她在面子上会挂不住。这样一来，就很容易引发争吵，这对你的工作、店铺的生意都没什么好处。想把工作做好，就要注意说话的方式，不管什么原因，我们都不能因为服务态度而得罪顾客。"

听完这番话，加之目睹刚刚发生的一切，女售货员终于明白，为什么眼前这个没比自己大几岁的人，能在20几岁时就当上主管，并深受公司经理的器重了。她知道在什么场合、什么时间、什么境遇，该说什么样的话，开口之前总会考虑到别人的感受，和这样的人一起工作，不管是谁心里都会觉得舒服。

沟通是一种技能，是一个人对自身知识、表达能力、行为能力的发挥。职场中，会做事又会沟通的人，更容易得到领导的青睐和重用。如果你总能出色地完成任务，可评优、加薪、升迁的机会却总是与你擦肩而过时，或许你该思考一下：是不是自己在沟通方面出了什么问题？是不是自己说话完全不讲技巧、过于直白了？

如果真是这样，那在日常工作中，当遇到一些让你不便、不忍或语境不允许直说的话时，记得把"词锋"隐遁，或把"棱角"磨圆一些，或从相反的角度深入，使语意软化，便于听者接受，最终达到表达真意的目的。切记，想要前程更美好，会说话的本事不能少！

及时"破冰"才能破涕为笑

没有人是一座孤岛,在职场中更是如此。许多在大公司上班的人都有过类似的感触,公司的部门多、人员杂,不同的人有不同的表达习惯,自认为很普通的一句话,却被别人说成"潜台词";明明在做一件好事,却被人辜负了好心,这些误会着实让人头疼。

前些天,我曾经指导过的一位学生打电话给我,说他办了一件"蠢事"。

那天,正赶上天气闷热,为了给客户送资料,他倒了好几次车,来回用了四个小时。临近中午才到办公室,匆匆吃了几口饭后,他想趴在桌子上休息会儿。可是,邻桌的同事似乎并没有休息的打算,尽管周围的多数同事都在安静地午休,他却熟视无睹,依然我行我素地在那里敲打着键盘。

听着啪啪作响的声音,加之身体的疲惫,他真的想让邻桌的同事安静点儿。勉强起了身,走到同事面前,想提醒一下他还有20分钟就上班了,能不能暂时歇会儿?可看到对方的电脑屏幕上出现的竟是游戏的画面,他心里的火气一下子就窜了出来,二话不说就掀翻了同事的键盘,指责他没有素质。

对方愣了一下，回过神来就跟他嚷嚷起来，结果吵得大家都没休息好，还得过去帮他们劝和。

事后，他觉得自己没有错，是邻桌的同事太没有公德心，大家都在午休，他却玩游戏吵人，有什么可说的呢？可是后来，他从其他人口中得知，那位同事本身不是一个游戏迷，那天他只是在帮朋友测试其新开发的一款游戏软件，没想到太投入，忘记了时间，打扰了同事们的午休。得知了事实，他联想到自己动粗的样子，觉得很不应该，当时只顾着指责对方没素质，回头想想自己的所作所为，才真的是没素质、没内涵啊！

类似这样的事，几乎每个公司里都出现过，事情的起因大都是一些简单的小事。就像这位学生，本来不是有意找同事的麻烦，却因为误会和错误的沟通，闹得尴尬收场。他给我打电话时，与同事还处于冷战的状态，同事懒得跟他解释，他也不好意思去讲和，问我该怎么处理比较合适？

我相信，他所问的问题，也是许多职场人想知道的。工作中有误会不可怕，怕的是发生误会后，不能及时地消除，导致误会越来越深，给彼此带来烦恼和痛苦；同时，还会影响到公司的凝聚力，造成内耗。如何处理同事之间的误会，我的建议是——

如果你和同事之间发生了一些小误会，最简便直接的办法就是，找到误解你的人，推心置腹地交流沟通，切不要搁置在心里，犹豫顾忌。你可以借助一次约会、一次公关活动、一个电话互诉衷肠，以心换心，把彼此间的疙瘩解开。如果不好意思当面说，也可以用邮件和短信的方式阐明自己，得到他人的谅解，化干戈为玉帛。

如果彼此间的误会太深，已导致关系十分尴尬时，不妨通过间接的方式，让误解者亲近的、信得过的人，作为桥梁和媒体，把你的心意通过他传导给对方。

待这种传达疏导到一定时机，你们就能够发展到直接解释交流了。

当然，我所说的都是误会发生之后的补救措施，但真正理想的做法是：防患于未然！平日做好职场沟通，掌握沟通技巧，尽可能地避免误会的发生。

1. 就事论事

与同事在工作中发生了分歧，一定要把它当成"我们与问题"之间的事，且不可把问题当成"我跟你"之间的事。这种态度不仅专业，也符合公司的最大利益。许多问题一旦跟人扯上关系，反倒不好解决了。这就好比，你对同事说"你怎么老犯这样的错误"时，原本简单的问题，就变成了复杂的人际冲突了。要是换一种说法，"处理这种情况最好是……"，这就把事情的矛头指向了问题，不会让同事感到难堪。

2. 耐心倾听

当同事发表观点时，对听到的话要予以反馈。如果对方认为你明白了他的意思，就会避免很多误会。即便是有不同意的地方，在解释你的立场之前，也要先把对方讲的话条理化，然后压缩成一两句话，回答的时候这样说："刚才你说的……我也比较认同，但在某某问题上，我觉得……也是一个不错的方案。"这样的话，就不会让他觉得，你是在反驳他的意见。

3. 别找领导

同事之间遇到什么分歧，如果不是非要走领导那一关的程序，最好自行解决。切不可有点委屈就去找领导，让领导出面解决。要知道，一旦你把领导拖入到冲突中，他不仅会质疑你的工作能力，还会质疑你的品行。久而久之，你不仅会丧失独立处理问题的能力，还会成为公司里的边缘人物。

职场不是战场，同事也不是敌人，而是协作的伙伴。平时宽容大度一些，说话做事考虑一下别人的感受，发生误会后及时地沟通，不要锱铢必较，耿耿于怀。在小小的人际关系圈内受不得丝毫委屈的人，注定是形孤影单的，难赢得他人心。

打圆场有技术

一家电器公司因为产品的售后出了问题，引发了不少消费者的投诉。时刻等着捕捉头条的记者们闻讯而至，恰好看到总经理的秘书正在跟一群消费者解释。记者把目光和镜头都对准了那位女秘书，向她抛出了各种问题。

也许是没经历过什么大事，也许是害怕承担责任，面对记者的轮番"轰炸"，女秘书竟然说："我们总经理在办公室，有什么问题你们还是去问他比较好，具体的我也不太清楚。"此话一出，记者们一窝蜂似地把总经理办公室围了个水泄不通。总经理无处可躲，只好硬着头皮独自一人应对记者提出的刁钻问题。

记者散去后，总经理得知秘书在公司门口所说的话，勃然大怒。他指责秘书没有处理公关危机的能力，只顾自己不顾全大局，本当为公司挽回形象的时候当了"逃兵"，一句"不太清楚"直接让人对公司的信誉产生了怀疑……一番训斥后，直接解雇了她。

想想看，公司的产品售后出了问题，这对公司所有人来说都不是什么好事。

公司的领导肯定在想办法从大局上挽回公司的损失和声誉，在这个时候，他最希望看到的就是下属能够和公司一起渡过难关，为自己分担一些工作压力，让自己把更多的精力用在决策上，而不是把所有的问题一股脑儿地推到自己这里来。

可女秘书是怎么做的呢？作为总经理的助手，她不仅没有给上司打圆场解围，反倒为了自己省事，把上司推到了风口浪尖，让原本就不太明朗的现状雪上加霜。就算她真的没有办法阻止记者，应付不了那样的场面，至少也应该提前与总经理沟通一下，让他在面对采访时有点思想准备。毕竟，危急时刻，代表公司发言一定要谨慎，稍不注意就可能给公司带来毁灭性的灾难。

在工作中，不管是主观的还是客观的，人为的还是意外的，尴尬的场面总会时不时地出现，而且往往就是一瞬间的事。这个时候，能不能冷静地观察局势，用机智灵巧的语言替人解围，是对一个员工的应变能力、沟通能力最大的、最直观的考验。如果不具备这样的能力，那他也势必难以担起管理者的重任。

有些人觉得，打圆场就是劝和，其实不然。只懂一味地"和稀泥"可能会弄巧成拙。只有根据不同的情景场合，做出不同的反应，运用不同的手段和技巧，才能缓和气氛，获得老板和同事的赏识，提升自己的人缘，加速事业的发展。在这里，我给大家提供几条方法：

1. 岔开话题，转移注意力

当某个话题无论怎样进行下去，都会让双方更加尴尬和对立时，那不妨转移一下注意力，说说其他的话题，使原来僵持的场面重新活跃起来。

2. 给对方找台阶，避免难堪

很多时候，如果在特定的场合做得不合时宜或不合情理，就会让局面变得很难堪。面对此情景，不妨给对方找一个借口，或是换一个角度来解释，巧妙地解除尴尬。

齐白石在看护的陪伴下，参加新凤霞的"敬老"宴会。齐老很早就听过新凤霞甜美的唱段，看到本人后，激动地握住新凤霞的手，仔细地端详，不免让对方感到尴尬。此时，他的看护提醒说："您总盯着人家看什么？"这句话听得齐白石很不高兴，他反驳说："我这么大年纪了，为何不能看她？她生得好看。"说完之后，脸都红了。

这时，新凤霞笑着说："齐老，您看吧，我是唱戏的，不怕看。"旁边的人听了也凑热闹地说："老师喜欢凤霞，干脆就收她做干女儿吧！"几句趣话，最终避免了难堪。

3. 善意曲解，缓和气氛

对别人或自己感到尴尬的事情，进行善意的曲解，是一种机智和风度。

一次，克林顿在发表竞选演说时，有民众喊道："垃圾！"克林顿面不改色地笑着说："不要着急，先生，我马上就要谈到你提出的脏乱问题。"这一曲解，完全把射向他的"冰箭"化成了对自己有利的"温雨"，实在是妙。

4. 引喻解说，巧妙解围

有句诗说："山重水复疑无路，柳暗花明又一村。"巧妙牵引，也是打圆场的一个好办法。

某公司年会允许员工带家属，女主管带着5岁的女儿出席。席间，老总见小女孩很可爱，就不时地逗逗她。突然，小女孩惊奇地说了一句："叔叔，你脖子上怎么有个疤？"在场的所有人都陷入了尴尬中，女主管急中生智，解答说："这不是疤，这是花，这叫'颈'上添花。"一句幽默的话，打消了所有的尴尬，让会场的气氛也变得活跃而融洽了。

工作上的支持是相互的，无论是上司还是同事，谁都希望在尴尬的时刻有人能替自己解围。如果你发现周围的人在公共场合遭遇了尴尬，那不妨站出来，巧妙地打个圆场，缓和一下气氛。你替他解了围，他会对你心存感激，其他人也会对你的机智口才大加赞赏。

大大方方露"才"

多数职场人大概都看过，至少是听过《杜拉拉升职记》这部小说及同名影视作品。杜拉拉是一个没有任何背景的女孩，完全靠着自己的努力，从一个普通的销售助理，一步步走到了人力资源经理的位子。

可能你会说，我的努力程度不亚于杜拉拉，为什么跟老板搭乘同一部电梯，他还是像陌生人一样看我，根本不知道我是谁，这算不算现实与理想的差距？如果真是这样，先别急着责备运气，认真听听杜拉拉的"心声"，那里或许有你要的答案。

——在职场中，逻辑也是决定你事业能否迅速腾飞的关键。你要理顺每一项事物的逻辑关系，清楚自己的定位和职责——要搞清楚自己是谁，什么是自己的活；同时还要知道什么事情该报告，什么事情要自己独立做决定。

——沉默的老黄牛已经不流行了，千万别以为不给老板添麻烦，老板就会喜欢你。最关键的是要让老板知道你的重要性。

——在强硬的同事面前，一味地妥协并不是最好的办法，而应敢于有力地表达自己的观点和立场，你的坚持有时会让对方肃然起敬，使其不敢小瞧于你。

在人才济济的职场中，可供选择的人才很多，你行就来做，不行就让开。想在短时间内获得施展才能的舞台，在人群中脱颖而出，就要抓住机会，主动地、大胆地展现你的聪明才智。你若总是扭扭捏捏、羞羞答答，谁愿意放着明摆着的"能人"不用，而花时间去考察你、了解你呢？你行，就要告诉老板：我有什么长处，有什么才能，想做什么，能做什么，能给企业带来什么……机会，永远是靠自己争取的！

不少有能力、品行也不错的员工，在求职就业乃至工作中，错把表现自己与"出风头"联系在一起，总觉得表现自己、推销自己是有求于人，神色紧张，甚至大气都不敢出，即便是面对自己能做的事情，也总是用"凑合""还可以""差不多"等字眼来表达。我当然理解，他们这样说实际上是出于谦虚，可作为企业的招聘者或是领导，他们却不会这样想，甚至会质疑你的能力。

　　一位在美国就读经济管理专业的中国留学生，他想以半工半读的方式完成学业。所以，开学后没多久，他就踏上了求职之路。

　　最初，他到一家纺织公司面试。业务主管看过他的简历，了解了基本情况后，问了一个与工作无关的问题："你会使用打字机吗？"这个留学生是会的，只是不太熟练，他犹豫再三，最后告诉对方说自己不会。结果，面试失败。

　　后来，他又去了一家房地产公司，这家公司的经理也提出了一个类似的问题。他说："我不会，我学的是经济管理，只能做与之相关的工作，其他的我就不会了。"房地产公司的经理没再多说什么，拒绝了他的求职。

　　接连两次的碰壁，让这个留学生很沮丧，他把自己的经历告诉了一位在校留学时间较长的学长。学长告诉他："他们向你提出这样的问题，并不一定要让你做这件事，只是考验你对自己有没有信心。下次，如果有人再问你类似的问题，你要大胆地说你能干。"

果然，按照学长说的，他在第三次面试中顺利过关，被录用了。

有位哲人说过："如果你有优异的才能而没有把它表现在外，这就如同商人把货物藏于仓库，顾客不知道你的货色，如何叫他掏腰包呢？"在工作方面，你有能力，有胆识，有谋略，就要想办法让人看到你的存在，看到你的成绩，不能只等着别人来发现，更不能在本可以亮相的时候躲起来。虽说含而不露是一种美，可别忘了，现在是一个"酒香也怕巷子深"的时代。

千里马常有，伯乐不常有。如果一辈子遇不到一个伯乐，那岂不是一辈子都没有出人头地的机会了？在人人争夺生存空间的职场里，不要指望谁把机会送到你面前，你要主动站到台上，充分地展示并适时地推销自己，才有成功的机会。

别担心领导觉得你不像一个"谦谦君子"，事实上，他们渴望的正是这种做事干脆利落、勇敢大胆的人才。一个人如果连推销自己的勇气都没有，又如何指望他能在关键的时刻抓住时机去推销自己的商品？敢推荐自己是一种勇气，会推荐自己更是一种能力。

不是只有你在努力工作，其实每个人都很努力。想在一群努力的人中脱颖而出，除了要比别人做得更好以外，还要主动地让别人认识你、记住你、接纳你、欣赏你。待价而沽的时代已经过去了，你若不主动出击，别人永远无法知道你的存在，更谈不上提拔和重用你了。鼓起勇气，放开胆量，花点心思和力气去表现自己吧！你行，就要让老板知道！

宽容是一种力量

我以宽容和博大的胸怀去接纳这个世界的善恶,世界也以前所未有的姿态包容着我的一切。

宽容,是一种修养,更是一种力量。

在开往费城的火车上,中途有一个女人上了车,她径直走进一节车厢,并选了一个位置坐下。这时,她对面的一位男士点燃香烟,深深地吸了几口。女人闻着烟味就难受,眉头紧锁,故意咳嗽了几声,试图提醒男士掐灭香烟。那位男士似乎并没有留意到她的举动,依旧若无其事地吸着。

女人抑制不住情绪,生气地说道:"先生,您是外地人吧?这列火车有专门的吸烟室,这里是不允许吸烟的。"听到女人这样说,男士微笑着表达歉意,掐灭了手中的烟。

一会儿,几个穿制服的男人来到女人身边,对她说:"女士,不好意思,你走错车厢了。这里是格兰特将军的私人车厢,请你马上离开。"

女人顿时惊住了,原来坐在她对面的就是赫赫有名的格兰特将军,她很害怕,担心自己刚刚的言行会遭到斥责。但是,格兰特将军并未露出一丝责备之意,他的脸上依旧挂着淡淡的笑容,和蔼地对下属说:"没事儿,就让这位女士坐在这里吧。"

格兰特将军的宽容赢得了女人的尊重,他的仁德更是为人们广泛传颂。凭借着这份宽容,他征服了手下的士兵,让军队凝聚了战斗力,攻无不克,化险为夷。

工作的实质是解决问题,而在解决问题的过程中,难免会与同事、客户、上司、下属发生摩擦,产生各种误解、纠纷,若是处理不善,就会使矛盾升级,让自己处于被动不利的局面,给工作的氛围和心情都蒙上一层阴影。

很多人在工作中遇到过这样的情况:和同事一起合作,明明是他的失误致使工作进度受阻,或是给公司造成损失,可领导却把矛头指向了你,狠狠地批了你一通。若真如此,你心里会怎么想?

有些年轻气盛的员工坦言:"我肯定是不服的,凭什么要让我背黑锅,又不是我的错!"性格稍温和点儿的员工说:"碍于面子,可能不会说出来,但下次肯定不会再跟那个同事一起合作了。"只有极少数的员工说:"谁也不想犯错,可工作中的事情很难说,互相理解一点,避免再犯,也就得了。"

这样看起来,似乎最后一种说法显得很"软弱",可我要说,这才是真正明智的做法。

你应当明白,领导批评你自然是有原因的,而同事的工作也必然与你有关,所以在遭受批评时应当审视一下自己的行为,不要总想着不公平。审视过后,无论自身有无过错,你都要先向领导承认错误,并跟领导一起分析实际情况,告诉他你的解决方案,以及今后要注意什么。如果义正词严地说都是同事的错,跟你无关,那么就算真的与你无关,领导也会认为你是一个没有担当、习惯推卸责任的人。

实际上,当你心平气和地跟老板讲清楚事情的原委,并分析出失误的原因,他自然也就知道究竟是谁的过错了。你的坦诚和虚心接受，不会让老板觉得下不来台，他在心里也会加深对你的好感。

顺利通过老板这一关，接下来要面对的，自然就是工作中出现失误，且害得你遭受批评的那位同事了。是把在老板那里受的一肚子的委屈原原本本地还给他，还是就像某些员工所说，表面不动声色，但把这件事记在心里，今后再不与之合作了？

其实，这都不是明智的做法。我们不妨换位思考一下：假如是你连累了其他同事，让他人替你遭受批评，你心里是不是会有歉疚感？如果同事在遭受批评后，狠狠地指责埋怨你，你又会是什么感觉？当同事表面若无其事，可在后来的工作中对你冷冷淡淡，刻意保持距离，你又会做何感想？

金无足赤，人无完人。在工作中，谁都可能会犯错，会陷入尴尬的境地。你若希望自己在犯错时能得到同事的理解和原谅，那你应当持一颗宽容之心对待他们。对同事的过错耿耿于怀、吵来吵去、冷漠寡言、陷入冷战、打击报复，不仅影响自己的心情，也会影响整个团队的协作。也许，在你看来这是所谓的"个人恩怨"，可在老板心里，认可的却是"全国上下一盘棋"，不能团结同事、破坏集体利益的员工，就等于站在了公司的对立面。

在怨怼与宽容之间，如果你选择的是后者，那么无意中伤害到你的同事，在感受到你的宽容后，必当将这份善意铭记于心，对你心怀感激，在你需要帮助的时候尽力帮助你。在这种氛围下，你也更容易与身边的同事和谐融洽地相处，毕竟"群众的眼睛是雪亮的"，看到你有如此胸襟，其他人也会认为你值得信赖。

很多时候，指手画脚、喋喋不休的埋怨，反倒会激起他人的逆反心理，导致事情朝着你不希望的方向发展。若是从对方的立场出发，给别人搭建好下的台阶，那么你也会更容易达到自己的目的。正所谓，一句宽容的话，胜过千万句的指责。

中村是日本德川幕府第三代将军德川家光的大臣，生性温和、思虑缜密，非常懂得为人处世之道。当时，德川家族中有一位名叫德川秀息的将军，他非常讨厌别人抽烟，在军中下了一道命令：士兵抽烟，一律斩首。

有一天晚上，几个负责守卫城门的士兵在站岗时，躲在阴暗处每人点了一根烟。恰好这一天中村闲来无事，出来巡视岗哨。当士兵们发现中村时，已经来不及掐灭烟头了，他们一个个惊恐不安，心想：这下可完了，一定会被斩首的。

这时候，中村若无其事地走上前去，先问了一下守卫的情况，然后说道："拿出你们刚才抽的烟，让我也抽一口。"士兵们很害怕，不知中村到底想做什么，在疑惑和忐忑中，乖乖地拿出了香烟，递给中村。

中村接过来，津津有味地抽了几口，然后又把香烟还给了他们。士兵疑惑之际，只听中村说了一句"没想到烟这么可口，谢谢"，说罢，就转身走了。刚走了几步，他又转回来补充了一句："今天的事，我也有份，希望今后再也不会有这种事情发生。要知道，你们的将军可是最讨厌抽烟的。"据说，自此之后，士兵们抽烟的风气居然完全消失了。

给别人留余地，事实上也是给自己留余地。给人一个台阶，往往会赢得友谊，得到信赖。不让别人为难，就是不让自己为难，让人三分、留有余地其实是在给自己搭建上升的台阶。宽容同事的过错吧，你会赢得感激和友善的回报，与大家融洽地相处共事，成为团队里潇洒的一员，也让他人感受到你高尚的品格和修养。

公司如同一个大家庭，各个成员之间的生活经历、文化背景、兴趣爱好、脾气性格都有差异，长期在一起共事，难免会有摩擦，可能是工作意见上的分歧，也可能是沟通上的误解。对于这些不可避免的问题，一定要从团结出发，多点理解，多点包容。

就像印度诗人泰戈尔说的那样："越是有人责备我，我就越坚强；越是面对刻薄的人，我就越懂得宽容。"

尊重是减少摩擦的良方

人的心理是很微妙的,时刻渴望受到别人的尊重,却总忘记别人也有同样的需求。

以尖刻的幽默著称的爱尔兰作家萧伯纳,在苏联访问期间与一个可爱的小姑娘玩耍了半天。临别时,他对小姑娘说:"回家告诉你妈妈,今天和你一起玩的是世界著名的文学大师萧伯纳。"小姑娘看了他一眼,学着他的口吻说:"回去告诉你妈妈,今天和你玩的是苏联美丽的小姑娘喀秋莎。"这番话,让萧伯纳顿时哑口无言。后来,萧伯纳把这件事作为教训铭记于心,并发誓要时刻尊重他人。

人与人之间的交往,应该建立在平等与尊重的基础上。尤其是同事之间相处,这种以工作为纽带的关系不同于亲情,如不注意分寸,一旦失和,不仅伤害感情,还会影响到工作的状态,乃至整个团队的效率。

1960年当选牛津大学校长的英国前首相哈罗德·麦克米伦,曾提出过人际交往的四点建议:(1)尽量让别人正确;(2)选择"仁厚"而非"正确";(3)把批评转变为容忍和尊重;(4)避免吹毛求疵。可以说,这些建议都是围绕着"尊重"提出来的。

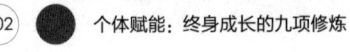

那么，具体到工作中，如何来体现对同事的尊重呢？

1. 礼节是最基本的尊重

没有谁会喜欢一个见面耷拉着脸、冷若冰霜的同事，在同一家公司做事，即便彼此已经很熟悉了，见面时依然要热情地打招呼，以显示对他人的尊重。千万不要摆出一副高高在上的样子，总是等着别人先开口。

2. 尊重同事的独立人格

每个人的出生、经历、社会贡献都不同，可在人格上却都是平等的。与同事相处，要尊重他人独立的人格，不能乱起绰号、拿别人的事情当笑料、取笑挖苦他人，这些都是没有素质的体现。一个低素质的人，如何有资格成为公司的中层或高层？别忘了，在老板眼里，素质与能力同样重要。

如果某位同事跟你关系较好，将自己的隐私告诉你，那说明他对你足够信任，你要做的就是，自觉为他保守秘密。如果他在别人口中听到了自己的秘密被公开曝光，肯定会认为是你"出卖"了他，这会严重影响彼此间的关系。与此同时，也会让其他同事对你产生怀疑和否定，不敢与你推心置腹，即便是工作上的事，对你的信任度也会大大降低。

3. 尊重同事的工作成果

L和W是同事，L尽职尽责、表现良好，深受老板器重；W不善交际，与同事的关系一直比较紧张，看到老板对L的赏识，心里很不平衡。在一次讨论会上，L刚刚说完自己的设想，请大家发表意见，W就阴阳怪气地说："L花了这么长时间收集资料，一定挺辛苦的，可我觉得没什么实用价值。"

如果你是L，冥思苦想了许久，最后拿出来一个自认为比较满意的方案，结果被同事一句话就给否定了，你会不会觉得自尊心很受伤？己所不欲，勿施于人。

每个人的工作成果都凝结了心血和精力，当别人展示自己的成果时，不要马上予以否定。就算有不同的意见，也要用他人容易接受的方式提出来，还要注意对事不对人。

4. 做错了事要及时道歉

唇齿相依，难免磕磕碰碰。同事每天在一起工作，一定会有分歧和摩擦，若真发生了矛盾，切忌斤斤计较，闹得沸沸扬扬。没有哪个老板想看见员工在上班期间吵闹，更何况，如果你总是这样处理问题，老板也会认为你不懂得控制情绪、不善于处理矛盾、不懂得宽容与谅解，难当大任。明智的做法是，是你的错就主动道歉，求得谅解；不是你的错，尽量做到对事不对人，不牵扯个人感情，不耿耿于怀。

5. 不要乱对同事发脾气

办公室是工作的地方，每个人都是老板聘来的人才，没有谁比谁卑微，谁比谁高贵。不要把自己的私人情绪带到办公室，也不要对任何人颐指气使、乱发脾气，这是一种无能的表现，也是一种没有修养的表现，你的吼声越大，在同事和老板心中的地位越低。

尊人者，人尊之。身在职场，你若能够做到一视同仁、不卑不亢、不仰不俯地对待周围的每个人，用平等的心态、平常的心情、平静的心境去看待职场百态，那么你收获的不仅是他人的尊重，还有老板的赏识以及成就大事的素养和能力。

少说一句化解冲突于无形

现代人总感觉压力大,这些压力有一部分源自工作事务的繁忙琐碎,而更多的是源自人际关系的复杂。身在职场,做事说话要照顾到周围的每个人,可即使这般小心翼翼,每天跟同事在同一屋檐下处事,也难免会有摩擦争执。

令人头疼的事情出现了,一旦跟同事发生了争执,该如何处理呢?

谁不让谁,当众撕破脸,肯定会惹得老板不满,谁不愿意看到公司里的员工一团和气,向着共同的目标努力呢!从此形同陌路,谁也不理谁,似乎也不太现实,抬头不见低头见的,很可能还会被安排在一起合作,私人关系暂且放一旁,从团队的利益上考虑,就行不通;选择辞职走人,眼不见为净,倒是可以从此毫无瓜葛了,但这代价未必太大了,不值得。

其实,大可不必把同事之前的摩擦看得过于严重,仔细想想:一群生活经历不同、兴趣爱好不同、文化背景和性格不同的人,组合在一起形成一个组织,在这样的环境里工作,必然会存在各种分歧和矛盾。如果你真的明白,这种矛盾是不可避免的事物,那就用不着太计较,在发生摩擦或争执的时候,适当地让一步,许多问题就迎刃而解了。

朋友的儿子大学毕业后，第一份工作是在一家租车公司做业务。这个男孩做事很踏实，人也很谦虚，遇到不懂的就主动请教部门里的一位资深同事。

起初，那位同事很不解，说："我连大学都没上过，你可是堂堂的大学生，还用请教我？"男孩解释说："我上大学读的是'死书'，您在公司里读的都是'活书'，我肯定得向您学习。"见他这么谦虚，这位老同事还有其他的一些老员工，平时都很愿意帮助他。这种融洽的人际关系，让男孩很快弥补了工作经验的不足，在业务上突飞猛进。

虽然多数时候，他跟同事相处得还不错，但也有与人发生争执的时候。某个周末，他被临时安排加班两天，可到月底发工资时，却没有这两天的加班费。他到会计室询问，会计却说："你没有把加班证明给我啊！"他说："我加班后的那个周一就给你了。"会计不承认，还露出不耐烦的情绪，说："我没见过那证明，是你记错了吧！"

本想再争辩的他，沉默了几秒钟，说："可能是我太忙，没把证明给你吧。我去补一个。"很快，他又重新写了一份加班汇报，然后找部门经理签字，经理觉得很奇怪："你这加班证明，不是早就签过字了吗？"他解释说："会计说我没交给她，我只好再找您签一回了。"

经理一边签字一边笑，说："想不到你这么年轻，倒挺宽厚的，换成脾气急的人，早就吵起来了，公司里真有过这样的事。"经理在说这些话的时候，心里对这个年轻员工的好感又增加了几分，如此顾全大局、不计较的人，绝对能当大任。

事后不久，当男孩去会计那里报销的时候，会计突然提起"加班证明"的事，还道歉说不好意思。男孩了解到，会计那天之所以那么不耐烦，是因为孩子在学校跟人打架了，班主任老师让她马上去一趟学校。第二天，她确实在抽屉里看到了他第一次交来的证明，也为此事主动找经理承认了是自己的失误。

很多事往往就是这样，同事之间的摩擦并非完全因两个人而起，很可能有其他因素的影响，以至于在沟通某些问题时情绪失控，产生争执。无论是哪种情况，都不要针锋相对，试着少说一句、退让一步，事情就有了缓和的余地。待情绪稳定后，事情的来龙去脉弄清楚后，就能心平气和地说开，避免矛盾升级。

人非圣贤，孰能无过？无论是自己的错，还是同事的错，都应当用冷静的心对待。人被激怒的时候，最讨厌的莫过于他人的辩解。当你发现同事的情绪有些急躁和不耐烦时，不要做过多的解释，也不要与之理论，暂时地让一步，待他冷静后再进行沟通。

如此，无论遇到什么样的情况，都不会导致尴尬的局面。营造一个好的人际环境，无论是对同事关系还是工作本身，都能够起到积极促进的作用。特别是，你想要在公司里有所作为，必须要得到同事的支持，唯有能征服众人心者，才有资格胜任领导者的职位。

不做情绪的奴隶

情绪是人类行为中最复杂的一面，也是人类生活中最重要的一环。假如一个人没有情绪生活，那么这个世界对他而言也就没有任何意义了。喜怒哀乐是人对外界正常的心理反应，美国密歇根大学的心理学家南迪·内森的一项研究发现，人的一生平均有30%的时间处于情绪不佳的状态，这就意味着：如果你想要在生活和工作中保持平和、稳定的状态，就必须懂得情绪管理，不能任由自己沦为情绪的奴隶。

哈佛大学曾经对1600名心脏病患者进行过调查，发现他们在生活中经常焦虑、抑郁、发脾气，坏情绪出现的频率比普通人高三倍。可以说，控制情绪是生活中一件生死攸关的大事。健康是1，其他所有的东西，包括财富、事业、爱情、婚姻等等都是0，有了前面的1，后面的0才有价值，没有了1，一切都只是0。看看那些积劳成疾、英年早逝的企业家、名人，失去了健康和生命，身后的财富和名誉，又有什么意义呢？

事业和前途，也跟情绪管理息息相关。多数人都有过类似的体验：情绪好的时候，工作热情高涨，做什么事情都充满激情，遇到麻烦也会积极地处理；情绪不好的时候，看什么都不顺眼，做什么都不顺心，一句无意的玩笑话，就可能击溃脆弱的自尊心，愤怒发狂。

要提醒大家的是：情绪失控不是最终的结果，只是一个导火索！真正可怕的是，情绪失控后引发的一系列行为，这直接影响着一个人的工作前途，乃至人生命运。

在这里，借助一些真实的案例来说明。

案例一：一家银行的柜员，上班前与家人发生了争吵，情绪迟迟没能稳定下来。直到坐在工位上，心里想的还是吵架的事，满腹怨气。领导没发现她的情绪变化，仍然安排她在现金柜台进行业务操作。结果，在给一位客户办理现金取款业务时，她因注意力不集中，未能认真核对现金数额，结果将取款单上的 8.5 万元现金，错付成 9.5 万元。

案例二：张某在一家大企业担任技术员，在职三年间表现一直不错。部门领导答应年底前提升他做主管，却没想到总公司新出台一条规定，不能越级提拔。张某是助理级别，至少还需两年时间才能升为主管。这严重打击了他的工作积极性，此后几天一直闷闷不乐，同事见他状态欠佳好心询问，这一问不要紧，整个部门的人都受到了影响。

有些同事入职时间比张某还长，看到张某的现状联想到了自己，情绪也很低落。特别是，听到有人说"我朋友在××公司，也做技术员，工资比咱们高很多呢！"、"××年纪轻轻的，来到公司就做了总监，他凭什么呀？肯定有关系。"大家越说越生气，最后张某出了一个主意，在公司内部论坛发帖。没想到，他的帖子引发了热议，员工们纷纷讲述自己的不满。公司领导层发现后，特地召开会议商议如何安抚员工情绪，要求必须找到发帖人。

纸包不住火。第二天早上，领导就找到了张某，质问他为何挑起事端。张某认为，这不是他一个人的责任，而是公司管理有漏洞引发了不满。领导告诉他："就算公司的管理真有问题，也有另外的解决办法！你现在把自己的负面情绪蔓延到了整个公司，影响有多大你想过吗？"就这样，张某直接被公司开除，且被告知今后都不会再录用。

案例三：一位出租车司机，因天气状况不好，出门时情绪就不高。忙活了一天后，正准备收车时，一位女乘客要打车，目的地跟他回家的方向也顺路，他就接了这个活。可能是心情不好，他的车开得不太稳，到了目的地后，女乘客斥责了他，又在车费上跟他斤斤计较。他说话的态度也不是太好，女乘客趾高气扬地说要投诉他，两个人发生了争执。

他积攒了一天的火气，瞬间爆发了，失控地掐住了女乘客的脖子。女乘客晕厥了，惊恐万状的他以为她死了，在紧张和恐惧之下，他把女乘客拉到郊区，抛弃在一个窨井里。就是这一时间没有控制住情绪，伤害了别人，也断送了自己的一生。

每个人在工作中都会遇到不如意的事，有时是因为众多烦琐事物缠身，有时是与同事、领导、客户之间发生了冲突，如不懂得自控，任由坏情绪蔓延，就会耽误本职工作、影响团队士气，甚至是酿成大错。

事实上，这些问题能不能避免呢？当然能，且往往就在一念之间。

多年前，美国一家石油公司的一名高级主管在决策时出现失误，导致公司损失了200多万美元。当时，掌管这家公司的人正是洛克菲勒。问题出现后，公司各部门的主管人员都刻意躲着洛克菲勒，生怕他把怒气发泄到自己身上。

当这家石油公司的合伙人爱德华·贝德福德走进洛克菲勒的办公室时，发现他正伏在桌子上用铅笔在一张纸上写着什么。见他进来，洛克菲勒说："是你？贝德福德先生。我想，你已经知道我们的损失了。我考虑了很多，但在叫那个负责人来讨论之前，我做了一些笔记。"

贝德福德看到，那张纸的最上面写着：对×先生有利的因素，而后列举了一大串此人的优点以及为公司所做的贡献，其中提到他曾经三次帮助公司做出正确决定，为公司赢得的利润比这次损失多得多。

这件事给贝德福德留下了深刻的印象，他感叹道："我永远忘不了洛克菲勒面对棘手问题时的冷静。以后这些年，每当我克制不住自己，想要对某个人发火时，我就强迫自己坐下来拿出纸笔，写出这个人的好处。每当我完成这个清单时，心里的火气也就消了，就能理智地看待问题了。后来，这种做法逐渐成了我工作中的习惯，记不清多少次了，它制止了我去做愚蠢的事情——发火，那将导致生意场上付出惨重代价。"

工作中大概有99%的事情都无须冲动发火，剩下的1%即使你发火也改变不了结果，你只需要冷静处理一切。一个心智成熟的人，一个职业化的员工，必定能够控制住自己的情绪，绝不会任由坏情绪这匹烈马横冲直撞，让本能缩小或停止的错误被无限扩大，给自己、给他人、给公司带来不必要的麻烦。

那么，当坏情绪突然降临，我们该如何处理和应对呢？

1. 暂且放下重要的事

当你感觉情绪不好的时候，不要急着去做计划中的重要事项。你的心情不好，注意力就会不集中，做事容易走神，达不到预想的效果，甚至还会把事情搞砸。这是心理影响生理导致的结果，相关专家分析：当人发怒和情绪特别不好时，人体内肾上腺皮质激素分泌是正常人的五六倍，在这种情况下人往往会因不冷静而判断失误。所以，情绪不佳时，暂时放下重要的事，等情绪好转了再去做。别怕"浪费"时间，停下来是为了能走得更远。

2. 积极调节不良情绪

无论是领导还是员工，都不会对满身戾气、抱怨连天的人产生好感。然而，消极的情绪却总是不合时宜地出现，如果在工作中出现了不良情绪，那就要想办法去克服。这里有几条建议，大家不妨一试：

第一，冷却情绪。

记得一位朋友曾经跟我说："吵架都是从最后一句开始的。"仔细想想，确实是这样。如果在发生争执时，有一方不回应，那么问题可能就终止了。怕就怕，当一方说完"最后一句"，又被对方"补充"上。所以，在面对争执且感觉坏情绪就要爆发时，不妨去一趟洗手间或其他地方，或者是深呼吸，冷却一下情绪。待理智逐渐恢复后，无论刚刚发生了什么事，与谁有了争执，基本上都能平静地看待和处理了。

第二，换位思考。

凡事都不是绝对的，只不过有时我们在坏情绪的驱使下，看问题过于偏执和悲观。如果换个角度从积极的方面去思考，心情就会好很多。比如，在被老板批评时，别总想着老板看自己不顺眼、故意给自己挑刺儿，要试着告诉自己：老板信任我的忍耐力和精神修养，老板对我抱了很大的期望……经常进行"加法思维"和积极暗示，对情绪进行有益的锻炼，就能培养遇事不急躁、变通看问题的习惯。

第三，情绪转移。

遇到让你愤怒、压抑或其他引发波动情绪的事情时，不要把注意力放在谁是谁非上，要把注意力集中在你的工作上。不少心理专家一致认为，增强敬业精神和工作责任感可有效地转移不良情绪。当你全身心地投入到工作中，只想着如何把手头的事情做好时，你就没有空闲再去想那些烦心的事情了。

当麻烦和冲突发生时，在内心估计一下结果，思考一下自己的责任，把自己升华到一个有理智、平和谦虚、豁达大度的人，你一定可以把握好自己的心海罗盘，成为情绪的主人。

第五章

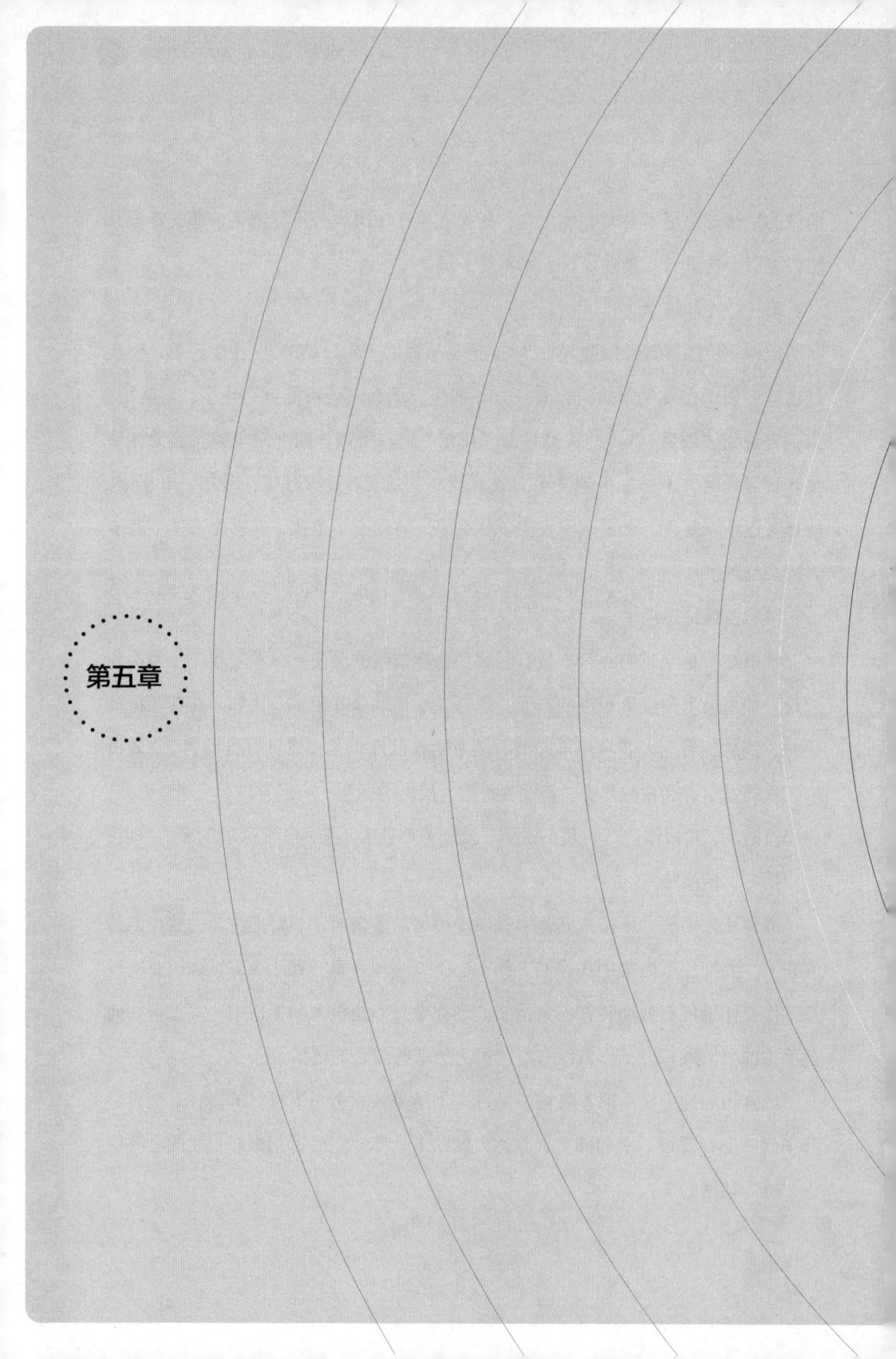

专注力：
以点破面让产出最大化

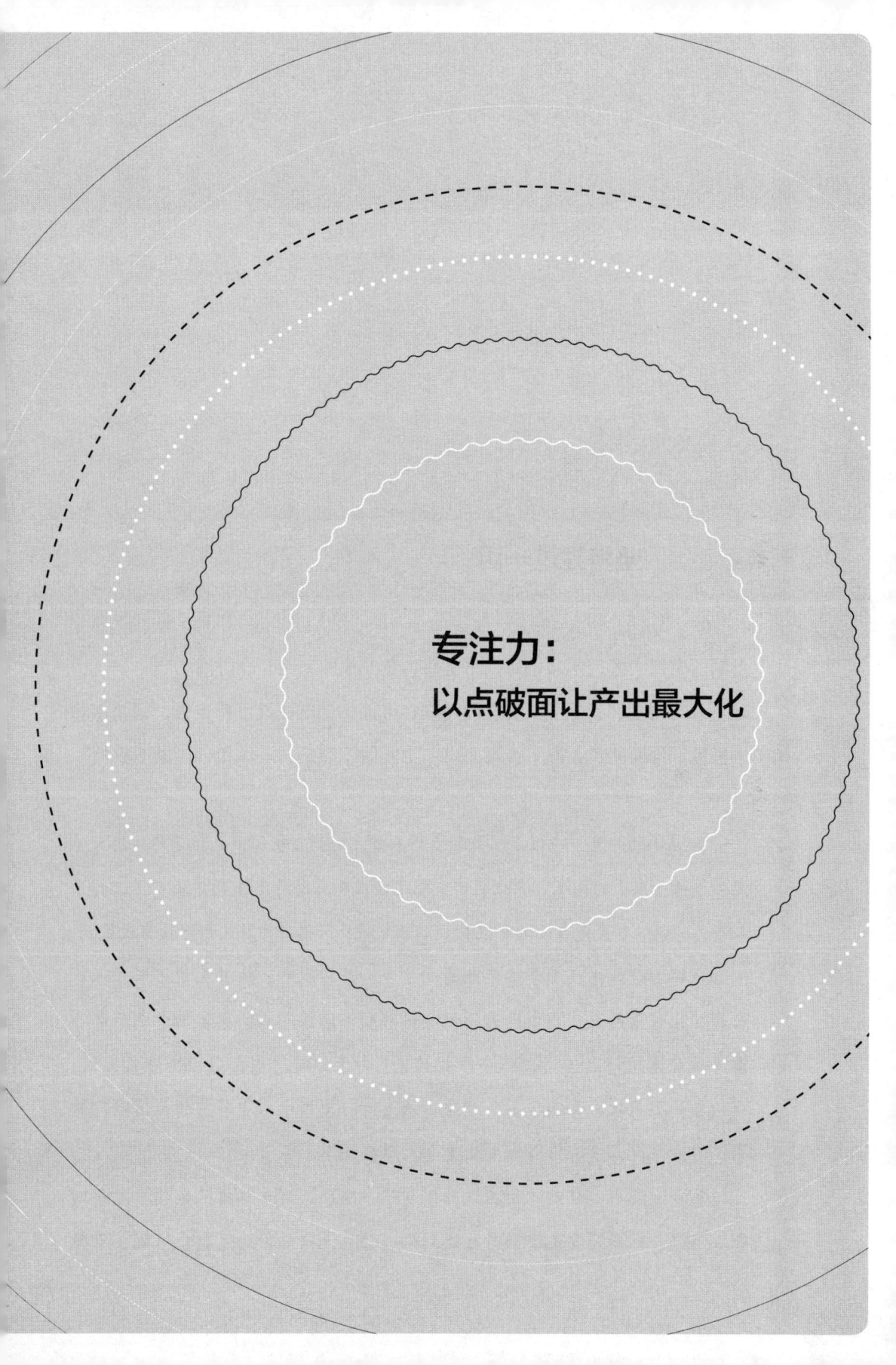

坚持胜过一切

世间所有伟大的艺术品，通常不是靠力量完成的，而是靠时间。

既是靠时间，那就少不了打磨的过程，谁能一如既往地坚持下去，精益求精地追求极致，谁便能在人群中脱颖而出。工匠做工如是，工作和创业也不例外。

1929年的一天，一位名叫奥斯卡的人焦急地站在美国俄克拉荷马城的火车站，等待着东去的列车。在此之前，他已经在气温高达43℃的沙漠矿区工作了几个月，他的任务是在西部矿区找到石油矿藏，可惜努力许久始终没有收获。

奥斯卡是麻省理工学院毕业的高才生，非常聪明，他甚至能用旧式探矿杖和其他仪器结合，制成更为简便和精确的石油探测仪。当奥斯卡在西部沙漠里饱受着风沙之苦时，一个噩耗传来：由于公司总裁挪用资金炒股失败，他所在的公司破产倒闭了。听到这一消息时，奥斯卡心中所有的热情瞬间熄灭，对他来说，没有什么比失业更令人沮丧的了。

奥斯卡没有心情继续留在这里探矿了，随即就到车站排队买票，准备回程。可惜，列车还要几个小时才能到站，倍感无聊的他为了打发时间，干脆在车站架起了自己发明的石油探测仪。就在这时，他的探测仪显示了一个读数，从这个数据上看，车站地下似乎蕴藏着石油，且储量极为丰富。

这怎么可能呢？心如死灰的奥斯卡不敢相信自己的眼睛，也不敢相信这里会有石油，只怀疑是自己的仪器出了问题。失业之事本就搅得他心神不宁，想起自制的探测仪这么久以来都没给自己带来惊喜，偏偏在这个时候出现读数，奥斯卡满腔怒火，大声地吼叫着，并用脚踢毁了探测仪。

几个小时后，车来了，奥斯卡扔掉那架损毁的仪器，踏上了东去的列车。时隔不久，传出了一个震惊世界的消息：俄克拉荷马城竟然是一座"浮"在石油上的城市，它的地下埋藏着迄今为止在美国发现的储量最丰富的石油矿藏。

是奥斯卡缺乏判断的能力吗？是奥斯卡不具备创新的意识吗？都不是。奥斯卡缺少的，就是一份笃定的信念和坚持到底的决心。其实，再多一点自信，多一点坚持，他就能成为一个改写历史的人。用计算机科学家高德纳先生的话来说："过早退出，是一切失败的根源。"

一个人要做生意，选定的项目很有发展前景，自己也是信心十足。可经营了两年后，一直处于投资的状态，入不敷出，未得到回报，这个人就开始慌了，怀疑自己是不是选错了方向？甚至有点后悔自己创业了。随着时间的推移，这种恐惧感越来越强，到了第三年，这个人干脆把公司转让了出去。结果，别人又运营了两年，方式方法和他当初没什么区别，但就是有了前期的积累，打开了市场，也赢得了丰厚的回报。

小丁毕业后来到一家新成立的公司。由于当时公司资金有限，规模也很小，愿意留下来同公司一起发展的人并不多，很多人都嫌平台太小跳槽了。唯有小丁，一直跟着老板兢兢业业、尽心尽力地做事。小丁的职位是助理，但因人手不够，后来就连后勤、人事的工作都包了，有空的时候也会给公司拓展业务，可谓是身兼数职。

公司度过了最艰难的初始期后，逐渐步入正轨，员工也从原来的三四个人发展到二十几人。此时的小丁，各方面的能力都得到了提升，而老板也被他的忠诚打动，27岁的小丁就这样顺利做了中层，且拥有了一定的股份。

一件事情到底有没有价值，一份工作到底有没有前途，不是凭眼睛去看的，而是要你全力以赴，才能逐渐呈现出清晰的结果。

漫画家查尔斯·舒尔茨曾经告诉记者，他不是一夜成名的，即便在他出版了有名的《花生》漫画之后。查尔斯·舒尔茨说："《花生》不是一问世就造成了轰动，那是一段漫长而艰辛的过程。大概有四年之久，漫画中的主人公史努比，才受到全国的瞩目，而它真正确立地位前后花了长达十年的时间。"

英国作家约翰·克里西，年轻的时候笔耕不辍，可迎接他的却是一次次地打击。约翰·克里西前后收到了743封退稿信，面对这样的现实，他是什么样的心态呢？"不错，我正承受着人们所不敢相信的大量失败的考验。假如我就此罢休，所有的退稿信都将变得毫无意义。但我一旦获得成功，每封退稿信的价值都将重新计算。"到约翰·克里西逝世时，他共出版了564本书，无数的挫折都因他的坚持变成了成功。

想一想，十年是什么概念？是三千六百多个日日夜夜啊！再想一想，被拒绝743次是什么感受？他们之所以能在文坛成为巨匠，就因为在最难熬的时刻选择了坚持，咬着牙挺住了！那些障碍不是来阻挡我们成功的，而是让我们明白，现在的失败是因为还存在不足，或是因为努力不够。

要做一件事，先沉下自己的心。别因为暂时没挖出井水，就提早退出，宣称此处无水。成功是一种积累，只要你走的方向没有错，那就一如既往地努力下去吧！任何奇迹的出现，都取决于人为的坚持。

专注让你离成功更近

太阳普照着万物，可任它再怎么发光发热，也无法点燃地上的柴火；如果拿着一面小小的凸透镜，只要让一小束阳光长时间地聚集在某个点上，即使在最寒冷的冬天，也能把柴火点燃。

这说明什么呢？强大的力量分散在诸多方面，会变得毫不起眼；微弱的能量集中在一起，却能创造意想不到的奇迹。世界上所有令人瞩目的成就，都离不开"专注"二字。

半个多世纪以来，巴菲特一直都恰到好处地把握住了时机。对于这位传奇的投资家，施罗德写道："他除了关注商业活动外，几乎对其他一切如艺术、文学、科学、旅行、建筑等全都充耳不闻——因此他能够专心致志地追求自己的激情。"

年少时的巴菲特，随身带着自动换币器，那是他当年最珍视的财产。10岁时，父亲提出带他去旅行，他却要求去纽约证券交易所。不久后，巴菲特读到了一本名为《赚1000美元的1000招》的书，他告诉朋友说，自己一定要在 35 岁前成为百万富翁。呵，要知道那可是在 1941 年，世界都陷在大萧条的环境中，一个孩子说出这样的话，在人们看来真是有点痴心妄想。可巴菲特说得很坚定，他相信自己能实现这个梦想。

1991 年美国独立日的那个周末，巴菲特与盖茨见面了。

对于两位巨人的第一次会面，很多人都在仔细观察。他们是《福布斯》财富榜上争相被人比较的对象，而且在某些方面很相似，比如遇到不热衷的话题，都会直接选择结束。然而，会话进行了几分钟后，两个人竟完全进入了深入交流的状态，他们从花园来到海滩，根本没有注意到身后随行的人员，包括一些举足轻重的人物。后来，还是盖茨的父亲提醒他们，说希望他们能够融入大家的这场派对，不要总是两个人说话。

一直到太阳落山，酒会开始，巴菲特与盖茨的谈话还没有结束。盖茨之前过来时乘坐的飞机将在傍晚离开，只是飞机走了，盖茨却留了下来，他非常享受与巴菲特聊天的乐趣。晚餐时，盖茨的父亲问了大家一个问题："人一生中最重要的是什么？"巴菲特的回答是"专注"，而盖茨的答案一模一样。

无论是巴菲特还是比尔·盖茨，都将人生的成就归结于"专注"。那么，何谓专注呢？

台湾著名剧作家、导演李国修，在年少时曾经抱怨过自己的父亲——台湾唯一会做京剧戏靴的人，他说："你做了一辈子鞋，也没见你发财。"就是这句话，李国修惹来了一顿痛骂："你爸爸我从 16 岁开始做学徒，就靠着这一双手，你们五个孩子长大到今天，哪一个少吃一顿饭，少穿一件衣裳？人一辈子只要做好一件事，就算功德圆满。"

"一辈子做好一件事"，这恐怕是对"专注"最好的注解了。

我们不求像巴菲特和盖茨那样，成为千万人瞩目的名人，我们只需做好本职工作，不三心二意，不朝秦暮楚，不频繁跳槽，就足以告别平庸、出类拔萃了。奇虎360的总裁周鸿祎曾说，他只会给两种员工加薪：一种是符合工资加薪规定的员工，一种是专注于手里的工作并做出成绩的员工。专注于自己的工作或某一特长兴趣，每个人都可能从平凡走向卓越。

美国加州的主妇黛比·弗尔慈，婚后想通过创业改善生活，可她唯一会做的就只有烤软饼干。她把自己的想法告诉了曾经品尝过她的饼干的行销专家，然而对方却告诉她，这根本行不通，没有人会买她的现烤饼干。黛比不死心，又请教了不少食品方面的专家，得到的答案都是一样的。

在遭到质疑和反对后，她想到了最亲密的家人和朋友。他们经常吃自己做的饼干，切身感受更明显，他们一定会支持自己。想不到，妈妈听说她的想法后，摇摇头说："我可不希望你每天站在热得要命的烤箱旁边，还不知道能不能赚到钱。"婆婆也说："你没有做生意的经验，把家里的积蓄投进去，一旦血本无归，你们如何生活呢？"就连她最亲密的朋友温蒂，也没有一句宽慰的话，反倒抨击她："我根本无法想象这想法成功的模样。"

顶着所有人怀疑的目光，黛比孤注一掷地开了第一家烤软饼干店。开业当天，一个顾客也没有，毕竟大家自己都会做饼干，就算买也是要那种包装好的、咬起来脆脆的。无奈之下，黛比想到了用免费试吃的方式吸引顾客。在试吃过程中，她总会跟大家聊聊天。感受到了黛比友善态度的顾客，渐渐地喜欢上了黛比和她做的软饼干。

后来，黛比的饼干店越来越受欢迎，规模也从一家发展到了几十家，从美国开到了世界各地。她撰写的《黛比厨房的一百道食谱》，出版至今已销售了180万册，成为第一部跃入美国纽约时报畅销书排行榜的食谱。在被邀请到各地演讲，讲述自己的创业历程时，黛比总会说："专注一心去经营，是成功的关键。"

专注是职场赢家的特质，想要脱颖而出，就得把全部的精力、时间和所能调动的一切字眼，全部投入到你所从事的工作中，尽可能地创造出更大的成绩。一生专注一项事业，每天专注本职工作，这是成功的不二法门。

一次只做一件事

在私企做秘书的朋友M，总是跟我抱怨说："事情太多，快要忙死了，要打印文件，要去银行缴费，要给客户回邮件……有时，根本不知道该从哪儿下手。"同样是做文秘工作的朋友K，她所在的企业比M的单位大得多，工作量自然不用说，可她的日子比M要轻松多了，能去新餐厅尝鲜，能跟朋友郊游，还有时间写小说。

我最初以为，朋友M和朋友K之间的差别，完全是心态上的问题。可后来我发现，心态并非主要原因，工作无头绪、杂乱无章才是关键。你在工作中可能也有过这样的经历：原本正在全神贯注地做一件事，突然电话铃响了，同事找你帮忙，上司又安排了新任务……迫不得已，只能中断手里正在进行的工作。来回折腾几个回合，最后可能一件事情也没完成，刚刚理清的思路也变得混乱了。

很多时候，不是工作真的多到不堪重负，只是没有找到解决问题的最佳办法。总是试图同时做几件事，就会陷入"什么都想做，什么都做不好"的怪圈。思考最大的敌人就是混乱，太多的讯息会阻碍正常的思考，这与电脑的内存塞满了处理命令，会导致运行缓慢或死机是一样的道理。

著名的效率提升大师博恩·崔西有一个著名的论断："一次做好一件事的人，比同时涉猎多个领域的人要好得多。"富兰克林把自己一生的成就归功于对"在一定时期内不遗余力地做一件事"这一信条的实践。爱迪生也认为，高效工作的第一要素就是专注，他说："能够将你的身体和心智的能量，锲而不舍地运用在同一问题上而不感到厌倦的能力就是专注。对于大多数人来说，每天都要做许多事，而我只做一件事。如果一个人将他的时间和精力都用在一个方向、一个目标上，他就会成功。"

纽约中央车站问讯处每天都是人头攒动的景象，旅客们争相询问着自己的问题，都希望立刻得到答案。在问讯处工作的服务人员，承受的紧张和压力可想而知。然而，他们是不是也忙得焦头烂额，不知该从哪儿下手去做呢？为此，曾有人记录下了他们在工作中的一个真实片段：

柜台后面的那位服务人员看起来一点儿也不紧张。他身材瘦小，戴着眼镜，看起来很斯文，脸上的表情镇定自若，轻松自如地应对着眼前的一切。

他面前站着的旅客，是一个矮胖的妇人，头上扎着一条丝巾，已被汗水湿透，眼神里充满了焦虑与不安。问询处的先生倾斜着上半身，以便可以听到她的声音。"你要问什么？"他把头抬高，集中精力，透过厚厚的镜片看着这位妇人，"你要去哪里？"

这时候，有一位穿着时尚，一手提着皮箱，头上戴着昂贵帽子的男士，试图插话进来。可这位服务人员就像没看见一样，继续和这位妇人说话："你要去哪儿？"

"春田。"妇人回答说。

"是俄亥俄州的春田吗？"

"不，是马萨诸塞州的春田。"

他根本不看行车时刻表,直接告诉她:"那班车是在10分钟之内,在15号站台发车。你不用着急,时间还很充裕。"

"你说的是15号站台,对吗?"

"是的,太太。"

当女人转身离开,这位服务人员才把注意力转到那位戴着昂贵帽子的男士身上。可是,没过多久,那妇人又回头来询问站台号码。"你刚刚说的是15号站台,是吗?"这回,服务人员没有理会,而是集中精力为戴帽子的男士服务。

有人请教那位服务人员:"你能不能告诉我,你如何做到保持冷静的?"

"我没有和公众打交道,我只是单纯地处理一位旅客的问题。忙完一位,再换下一位。一整天下来,我一次只服务一位旅客,却一定要让这位旅客满意。"

一次只做一件事,是解决工作不断被迫中断而变得效率低下的良方。德鲁克曾在《哈佛商业评论》上就"每次只做一件事"发表文章,以他丰富的经历非常肯定地指出:"我还没有碰到过哪位经理人可以同时处理两个以上的任务,并且仍然保持高效。"

时常在工作中把自己搞得疲惫不堪的人,多半都是没有掌握这个简单的方法。如果能够专注一点,让大脑一次只想一件事,清楚一切分散注意力、产生压力的想法,使思维完全进入当前的工作状态,就不会因为事务繁杂,理不出头绪而顾此失彼了。

多躁者必无沉毅之识

现代人的心灵深处，总有一种使人茫然不安的力量，这种力量就是浮躁。

N大学毕业后到一家公司做销售代表。私底下，她跟部门的领导谈过自己的家庭和对工作的想法。她说，自己很想把工作干好，多赚些钱，回报父母的爱和栽培，每天都盼着做成一笔大单。愿望是美好的，但有经验的人都明白，这种概率是很小的。领导开导她说，目前的工作是好好利用公司现有的资源，提升自身的销售技能，与客户建立良好的人脉关系，不要一味地去追求利益。女孩没能理解领导的意思，在工作一段时间后，由于没有得到客户的电话咨询和购买意向，失去了信心和耐心，选择了离开。

是不是只有初出茅庐、涉世未深的年轻员工，才会如此浮躁？不是。

某公司一位30出头的业务员，进公司的第一年，可谓部门里的灵魂人物，业绩相当出色，总是积极地给客户写信、打电话、发短信、拜访。到了第二年，他就不屑于重复这些基础工作了。偶尔，领导提醒他两句，他就装模作样地打打电话、记点东西；要是说得重了，他还会反驳，说自己和客户的关系如何如何好，没必要重复地打电话。直到大半年过去后，他的业绩没有大的提升，他才意识到问题的严重性。

浮躁，是人生的大敌。

俄国著名文学家普希金听说自己的情人被人纠缠时，冲动地找他的情敌比剑，结果断送了年轻的性命；著名爱情故事《罗密欧与朱丽叶》，也是两个情人之间上演的一出因冲动导致的悲剧。

现在，请你对照一下自己在工作中的表现，看看有无这样的情形：

◆ 总是心不在焉、坐卧不安，没有耐心做完一件事。

◆ 过于计较自己的得失，总担心他人占便宜，自己吃亏。

◆ 莫名其妙地感到焦虑不安，担忧未来的生活。

◆ 经不住挫折，稍有不如意就轻易放弃。

◆ 幻想自己能有所作为，可一做事就抱怨辛苦。

◆ 经常东一榔头西一棒子，想鱼和熊掌兼得。

◆ 制订好的学习计划和工作计划一再被搁置。

上述种种，皆是浮躁的表现。如果你被"不幸言中"，那真的很有必要进行一下反思。

渴望成功无可厚非，但成功是急不来的。细数许多失败者和平庸者的经历，他们不是败给了能力，也不是败给了机遇，而是败给了浮躁的情绪和急功近利的心态。有想法、有追求固然可贵，但更重要的是能够踏踏实实地去把握、去争取、去创造。

Y在一家商贸公司做行政助理。其实直属上司不是很喜欢她，可无奈工作离不开她，一些麻烦事都习惯交给她来处理。别说是亲近的朋友了，就连周围的同事有时都替Y感到不公，说她就是受气包。好在Y不是小气的人，对这些都不太往心里去，每天闷头钻研业务，还乐此不疲地做着一些分外的工作。

后来，Y 的直属上司因病请了三个月的假，而公司也准备在他复职后提升他为副总。这样一来，部门主管的位子就空了出来。平时工作能力强、人缘好的 Y，自然就成了最佳人选，对她的升职，大家心服口服，没有任何异议。

职场的晋升路，永远都是坑坑洼洼的，谁也不可能轻松地得到自己想要的东西。在成功之前，总得经历一段孤独、辛苦、难熬的岁月，走得太心急就会摔跟头，唯有放慢节奏、一步一个脚印、不浮不躁，才能走得更远。

俞敏洪曾讲过这样一件事：他的一个朋友，只是一名中专毕业生，后来在县政府工作。工作两年后，因为觉得自己的工作太过平淡，他就背着破包跑到北京参加了高等教育自学考试，考了三年半才考上。拿到文凭后，他又继续奋斗两年，考了两次终于考上北大政治系的研究生。三年后，他研究生毕业，遇到新东方的老师，新东方鼓励他把托福、GRE 考过去，于是他又努力地边工作边学习，取得了不错的成绩。具备了出国最基本的条件之后，他开始联系国外的大学，最终被哈佛大学录取了。

定下一个目标，慢慢地努力，不急不躁，在积累能力的同时为自己创造机会。成功的路径，毫无例外都是如此。马云也曾说过："理念是挺不值钱的东西，真正值钱的东西就是你创造的价值，脚踏实地的结果。很多人说我有非常优秀的理念，我听得太多了，这世界上没有优秀的理念，只有脚踏实地的结果。"是的，要干得好，先得沉下来，哪怕眼下不如意，只要相信困境是暂时的，只要一直脚踏实地地努力，就会有出路。

第一次就把事情做对

有一次，我从网上订购了一个书柜。网购这种物件，通常是通过物流发过来零件和板材，自己DIY组装。虽然是头一次组装，可我对自己很有信心，况且这个书柜不算大，每块板材上都预留了螺丝位。

说干就干，我拿起改锥忙活起来。眼看就要大功告成了，却总觉得书柜看起来有点别扭，仔细一看才发现，左右的板子弄反了，且螺丝一下子拧得太紧，柜子有失平衡。这时，我才想起了说明书，仔细一看，幡然醒悟。接着，我又把螺丝拧出来，按照图纸再拧回去，先简单固定，待所有部件都安装到位后，再拧紧螺丝，使柜子平衡。虽然最后组装好了柜子，可是折腾了很久，身心俱疲。

事后，我想：如果我在安装之前，先看看说明书，把每一种不同的螺丝都做一下对比，把最可能混淆的地方用铅笔做上记号，也许很快就能组装好，无须浪费那么多时间和精力了！

这件事给我上了印象深刻的一课：无论什么事情，简单与否，都要力求第一次就把事情做到位！事实证明，当我把这一信条运用到后来的生活与工作中，我惊奇地发现，许多错误都在做事的过程中被提前解决掉，使得事情进展得很顺利，既节省了时间，也不觉得太累。

　　第一次就把事情做到位，这样的信条我想多数人都不陌生，而我的经历许多人可能也曾有过。但是，为什么依然还是会有人明知故犯呢？我想，下面这个故事或许能说明一些问题。

　　　　一位禅师带领弟子远行，途中发现了一块破烂的马蹄铁。禅师让弟子把马蹄铁捡起来，弟子懒散地不愿意弯腰，假装没有听见。禅师没说什么，默默地把马蹄铁捡了起来，然后用它换了5文钱，在村民那里买了18颗樱桃。

　　　　他们继续往前走，途经一片茫茫荒野的时候，弟子渴坏了。禅师故意将藏在袖子里的樱桃掉出一颗，弟子看见，连忙捡起来就往嘴里塞。禅师边走边丢，弟子在后面狼狈地弯了18次腰。抵达目的地时，禅师对弟子说："当初你若肯弯一次腰，就不会有后来的18次弯腰了。"

弟子在禅师交代捡起马蹄铁的时候，为何置若罔闻？大致原因无外乎是：

其一，懒得弯腰去做这件事，假装听不见，把捡东西的事情寄希望于禅师。

其二，轻视捡马蹄铁这件事，觉得没什么意义，不值得花费时间去做。

其三，没想到马蹄铁能置换，以备后来所需，所以就没有去捡。

　　仔细想想，这跟我们在工作中的心态很相似。很多时候，我们先是从心理上轻视了一件事情，认为可以轻而易举地完成，忽略了其中的难点和可能会犯的错误；还有就是，总想着差不多就行了，实在不行再想办法，却没有意识到返工其实会让事情变得更复杂，还可能给企业带来巨大的损失。

　　　　某广告公司的员工在给客户制作宣传广告时，把客户的联系电话写错了。当他们把制作好的宣传单交给客户时，由于时间紧，客户根本没顾得上仔细检查就接收了。第二天，客户在产品的新闻发布会上使用它，等新闻发布会结束后，客户才发现最重要的联系电话竟然是错的，而此时这样的错误宣传单已经发出了五千多份。

客户非常生气，直接找到广告公司要求索赔。广告公司的老总得知后，明白错确实在己方，只好按照客户的要求进行了巨额赔偿。而负责广告制作的员工，也遭到了解雇。

是不是赔了钱就完事了？事情的负面影响远远没有结束。这家广告公司原来的信誉是很好的，可发生了这样的事后，客户对他们的信任度大大降低，即便该公司还算诚信按照要求进行了赔偿，可是这样的重大错误给客户带来的麻烦、造成的损失，却是难以估量的。渐渐地，这家广告公司变得生意惨淡，难以维持下去。

仔细想想，如果广告公司的员工在做事时能认真点，谨慎点，一次就把工作做到位，就不会出现写错电话号码这样的失误，也不会将原本很有前途的公司拖垮。这样的错误，完全是可以避免的。

高质量的工作来自零缺陷的产品，高收益的企业来自高效能的习惯。一家公司的老总曾为员工算过一笔账："我们公司的产品净利润很低，只有3.25%，如果第一次就把事情做对，我们的成本会降低1.8%～2.6%，相当于提高了总利润的55%～80%。换句话说，如果大家都能够第一次就把事情做对，公司运作一年就等于赚了一年半以上的利润。假如把这些多出来的利润拿出20%作为奖金，大家想想拿到手的工资会是多少？如果每个员工都能这样要求自己，那我们公司的发展前景又会是什么样？"

听到这番话时，我不知道台下的员工有何感想，至少我真切地认识到了"第一次就把事情做对"的强大效力。第一次就把事情做对、做到位代价最小，收效最大，这不仅仅是一种工作方法，更是关系到一个企业、一个组织兴衰成败的重要法则。

第一次就把事情做对，是对自己负责，也是对企业负责。所以，在工作中，第一次哪怕多花点时间和精力，也要把事情做到位，坚决避免一切无谓的从头再来！

第六章

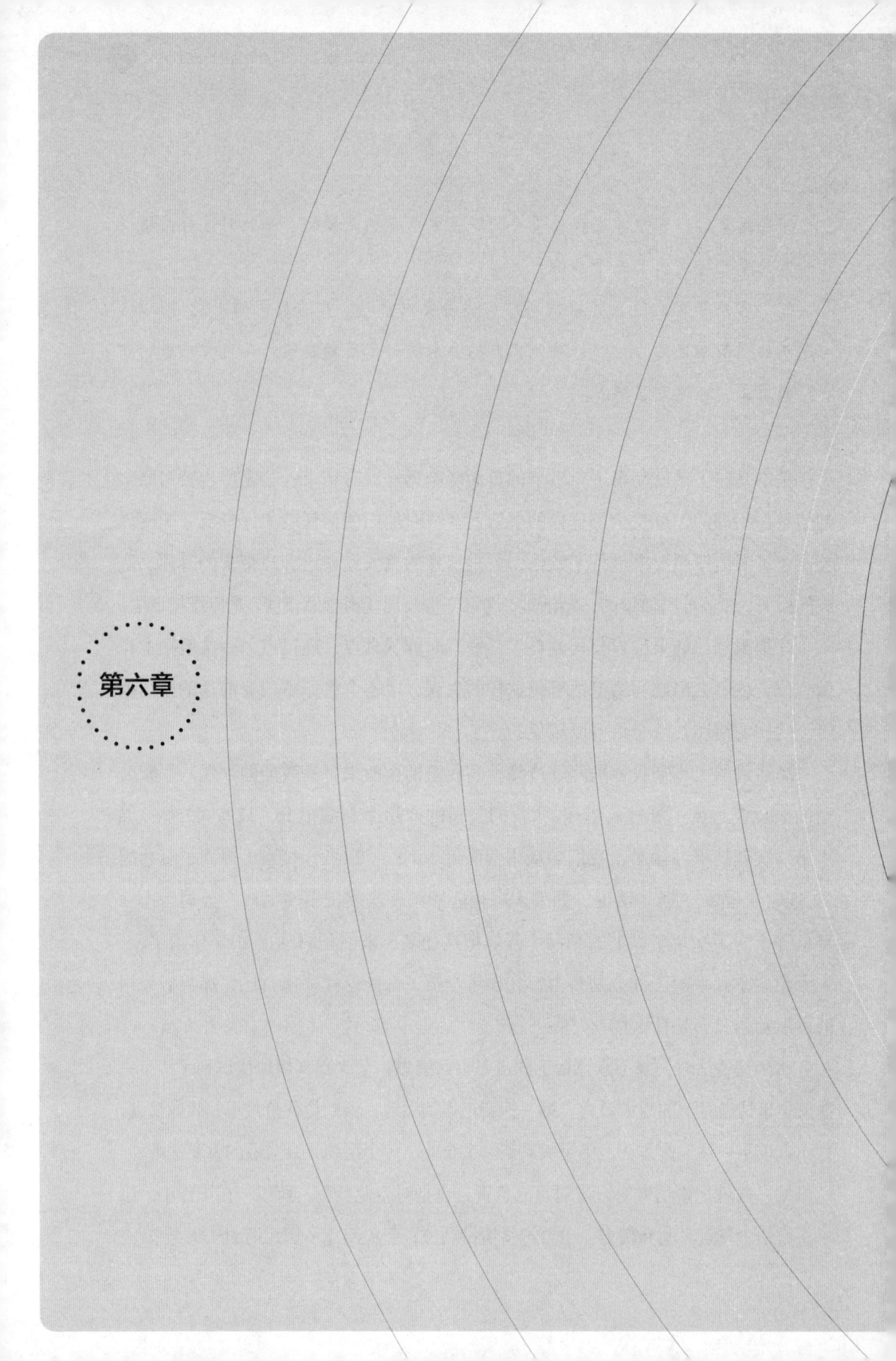

创新力:
世界可以不一样

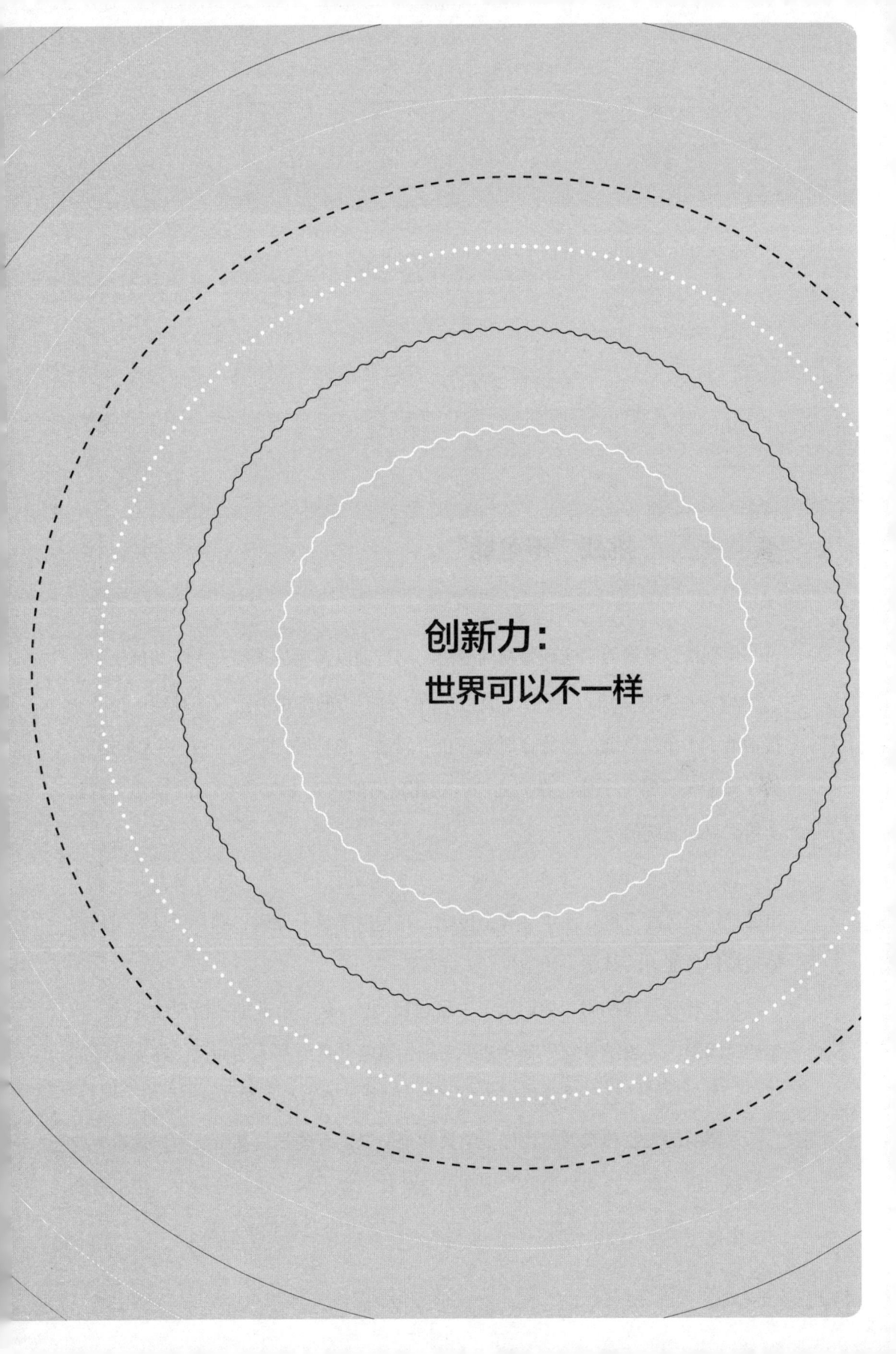

挑战"不可能"

用豪情以及毅力来实现最初的梦想，用行动以及挑战来提升人生的价值。

2001年5月20日，美国一个叫乔治·赫伯特的推销员，成功地将一把斧子推销给了小布什总统。布鲁金斯学会在听闻这一消息后，把刻有"最伟大推销员"的一只金靴子赠予了他。在此之前，获此殊荣的只有1975年将一台微型录音机卖给尼克松总统的学员。

我先来简单介绍一下布鲁金斯学会：它成立于1927年，以培养世界上最杰出的推销员著称于世。该学会有个传统，在每期学员毕业时，都会设计一道最能体现推销员能力的试题，让学生们去完成。

在克林顿当政期间，他们出了一道题目：把一条三角裤推销给现任总统。八年的时间里，无数学员绞尽脑汁地思考推销策略，最终都无功而返。在克林顿卸任后，布鲁金斯学会又将题目修改为：把一把斧子推销给小布什总统。

八年前的失败和教训，让许多学员知难而退，有些学员甚至认为，这道毕业实习题会跟上次一样无果而终。现在的总统什么都不缺，就算是缺少，也不需要自己亲自去购买；就算亲自去购买，也不一定赶在自己推销的时候。

就在大家愁眉不展、心灰意冷的时候，乔治·赫伯特没有花费多大力气，就把这件事情做到了。在接受记者采访时，他说："我认为，将一把斧子推销给小布什总统是可能的。因为，他在德克萨斯州有一处农场，里面长着很多树。我给他写了一封信，说：我有幸参观过您的农场，发现里面有许多树，一些已经死掉，木质也变得松软。我想，你一定需要一把小斧头，但从您现在的体质来看，小斧头显然太轻，所以您仍然需要一把锋利的老斧头。现在，我手里正有一把这样的斧头，它是我祖父留下来的，很适合砍伐枯木。如果您有兴趣的话，请按照这封信所留的信箱，给予回复……就这样，他给我汇来了15美元。"

在布鲁金斯学会对乔治·赫伯特的成功推销进行表彰时，金靴子奖已经空置了26年。这期间，布鲁金斯学会培养了数以万计的百万富翁，之所以没有把金靴子授予他们，不是因为他们的能力不够，而是该学会一直在寻找这样一个人：他不因别人说某个目标无法实现而放弃，不因某件事情难以做到而失去自信。

当乔治·赫伯特的故事在世界各大网站公布后，布鲁金斯学会得到了众多网友的关注。在该学会的网页上，大家看到了这样一句格言：不是因为有些事情难以做到，我们才失去自信，而是因为我们失去了自信，有些事情才显得难以做到。

在布鲁金斯学会的所有学员中，乔治·赫伯特未必是推销能力最强的，也未必是卖出东西最多的，但他敢于向"不可能"挑战。荣耀的战靴，永远属于这样的骑士。

人们大都有一个普遍的弱点，就是用"不可能"作为回避困难的理由。事实上，根本没有什么不可能的事情，所有的"不可能"都只是欺骗自己的一个借口。只要肯充分发挥自己的潜力，敢做别人认为不能做、不可能做的事，就已经成功了60%。那些看似"不可能"完成的工作，只是被人为地"夸大"了。当你静下心来去分析它、梳理它，将其"普通化"之后，往往都能找到合适的解决方案。

话虽如此，可在过去的培训中，依然有员工跟我说："听您讲的那些成功人士的故事，确实挺激励人心的。可事后想想，我就是一个普通人，没有人家那样的能力啊！"他的言外之意就是，世界上所有伟大的成就，都是由"伟人"创造的，是普通人难以企及的。

我想告诉大家的是：所有的人间奇迹，都是如你我一般的普通人创造的。人与人的能力差别是极其微小的，真正的差别在于思维和信念。在某些重要的转折事件上，成功的人可能就比他人多了"几分钟"的勇敢和执着。当大家都说"这件事根本不可能完成"的时候，别人都绕路走开了，避免自己心生恐惧，他却恍若未闻、视而不见，坚持去做了。结果，他成功了。

一家会展公司的老板坦言："我们现在最缺乏的人才，就是有奋斗进取精神，敢于向'不可能'完成的工作挑战的人。"从他的语气中，我能够明显感觉到，身为企业领导者对于"职场勇士"的迫切渴望，以及对"职场懦夫"的不满。

绝大多数员工对于高难度的任务，总是避之唯恐不及。从短期来看，避开重任可以暂时地获得安全感，不出任何错误，保住自己的工作；但从长远来看，这种行为却有极大的弊端。在这里，我们不妨用"跳蚤跳高"的实验来做个解释：

统计表明，一般跳蚤跳的高度可达它身体的几百倍，但如果把它放进玻璃瓶中，盖上盖子，让它在弹跳时不断地撞在玻璃盖上，它就会自动调节自己所跳的高度。过一会儿，你就会发现，跳蚤再不会撞击到盖子了，而是在盖子的下面来回地跳动。一段时间后，将玻璃盖子拿走，跳蚤不知道盖子已经去掉了，依然还在原来的高度跳跃。你会惊奇地发现，从此以后，这只跳蚤也只能在这个高度跳，再无法跳出玻璃瓶了。

细想想：是跳蚤不具备跳出玻璃瓶的能力吗？显然不是。原因在于，它在经过多次碰撞后，心里已经认定了一个事实：这个瓶子的高度是自己无法逾越的，努力也是徒劳。

工作的道理与之如出一辙。某人力资源公司研究表明，职场新人在第一年中承担的工作越富有挑战性，工作就越有效率、越有成绩，到了五六年以后仍是如此。如果总试图逃避艰难的工作，或是被一两次的失败吓倒，就会逐渐丧失挑战的勇气，认为自己再怎么做都不可能成功了，而甘愿过起平庸和失败者的生活。

想要实现从优秀到卓越的跨越，首先就得突破心理的瓶颈：

1. 正视"不可能"的任务

艰巨的工作不是洪水猛兽，而是成长的契机。在处理问题的过程中，你可能要承受比别人更多的压力，做出比别人更大的奉献，经受比别人更严酷的考验，甚至会感到痛苦不堪。可你要知道，任何蜕变都是痛苦的，但它会使你的能力和经验迅速得到提升，让你的心态变得更加成熟。当一个人身陷困境的命运关口，往往最能激发自己的潜能，迸发出全身的干劲，甚至做出连自己都吃惊的成就来，也使得自己的信心大大增强。

2. 用成功的愿景去激励自己

接到一份高难度的任务时，不要总去想失败的后果，要去设想成功的喜悦。当你完成了这件棘手的事情后，你的能力定会赢得领导的认可；你的才华会被最大限度地挖掘出来。在积极心态的作用下，即便遇到了困难和阻碍，你也能冷静地去思考、去解决，无论成败，这种迎难而上的精神都会被认同和钦佩。

3. 过滤他人消极的言行

成功的路上，永远少不了否定的声音。如果有人告诉你，那是不可能做到的，那是领导的故意刁难，请过滤掉这些消极的言行。别人嘴里的"不可能"，也许就是你脱颖而出的机会。松下幸之助说过："工作就是不断发现问题，最终解决问题的一个过程。晋升之门将永远为那些随时随地解决问题的人敞开着。"

世上没有不劳而获的事业，没有谁可以不经受磨难就能轻而易举获得成功。做什么事情都会有阻碍和困难，但人的潜力是无穷的，许多看似无路的地方，只要肯寻找，总能够柳暗花明。怀着积极的心态去挑战生命中的"不可能"吧，是骑士就当为荣誉而战！

白日梦时间

达夫·弗罗曼（Dov Frohman）是半导体行业的先驱。他的成就之一就是创建了英特尔以色列办公室，并且为以色列蓬勃发展的高科技产业做出了非常重要的贡献。他还与罗伯特·霍华德（Robert Howard）一道为我们呈现了一本真正原创的领导力书籍——《领导不好当：为什么领导力无法教授以及大家应该如何学到它》。在"艰难领导力的软技巧"一章中，弗罗曼坚持认为领导者、经理人必须把自己至少50%的时间从日常工作中解放出来，这一点令人震惊（或者说至少令我震惊）。他的表述如下：

"大部分经理人花费大量时间思考自己计划做些什么，却很少花时间思考不要做些什么。于是，他们如此沉迷于救当前之火以至于根本无法应对机构所面临的长期威胁和风险。因此，领导力的第一软技巧就是培养马克·奥勒留[①]的视角：避免忙碌，解放自己的时间，关注那些真正重要的事情。

---

① 公元121年~180年，是斯多葛学派著名哲学家、古罗马帝国皇帝，著有《沉思录》一书。

"再直白一点就是：每个领导者都应该在日程表上留出大量空白时间——我建议50%的时间……只有这样，大家才有思考眼前事务、从经验中学习、从无可避免的错误中恢复元气的空间。

"如果没有这种空闲时间，领导者最终只能忙于应付眼前问题……经理人对于我这一提议的反应通常都是，'这的确千好万好，但是我还有很多事情要做'。我们在毫无价值的活动上浪费的时间太多了。这占用了领导者大量精力，使他们根本没有时间关心真正重要的事情。"

弗罗曼的观点带给我一个令人耳目一新的想法，那就是"白日梦"。

"白日梦原则"：我的商业生涯中几乎所有重大决策在某种程度上都是白日梦的结果……当然，每次我都必须搜集大量数据，进行详细分析，然后让数据来说服上司、同事和商业伙伴。但那都是在后来，开始的时候就是白日梦。

我所说的白日梦指的是没有任何目标的思想漫游……事实上，我认为白日梦是一种特殊的认知模式，尤其适合复杂、模糊的问题，而这些问题正是动荡的商业环境的主要特征。

白日梦还是应对复杂状况的有效手段。如果一个问题非常复杂，那么细节问题就会非常多。人们对于细节的关注程度越高，就越有可能迷失其中……每一个孩子都知道如何做白日梦。但是许多人，也许是大部分人，在长大后都丧失了这一能力。

真正实施"白日梦"绝非易事，人们往往被经验束缚。

在非洲的撒哈拉沙漠，骆驼是最重要的交通工具，人们需要用它驮水、驮粮、驮货。在长途跋涉中，一头骆驼比十个壮年人驮的重量还要重，所以家家户户都会饲养骆驼。骆驼虽好，但驯服起来很难，一旦它狂躁起来，十几个人也拉不住。

为了驯服骆驼，在它们刚出生不久，养骆驼的人就得在地上栽下一根用红线缠裹的鲜艳木桩，用来拴骆驼。骆驼自然不愿意被小木桩拴着，它拼命地拽绳子，想把木桩拔出来。但木桩埋得很深，且被绑上了沉重的石头，就算是十几头骆驼一起用力，也很难把木桩拔出来。折腾了几天后，骆驼筋疲力尽了，开始不再挣扎。

这时，主人把木桩上缠裹的红线拆下来，坐在木桩上，用手悠闲地拉住拴骆驼的绳子，不停地抖动。不甘受人摆布的骆驼又开始狂躁起来，它觉得自己比人要强大得多，又开始拼命地拽、挣扎，把四只蹄子都折腾出血来，可紧拉缰绳的人却依然纹丝不动。骆驼渐渐地臣服了，不再折腾。

第二天，牵骆驼缰绳的人，变成了一个小孩子。骆驼再次发起野性，结果还是摆脱不了束缚。此时此刻，骆驼彻底被驯服了。从这天起，只要主人拿着一根拴骆驼的小木棍，随便往地上一插，骆驼就围着那个小棍转来转去，再不敢和木棍抗衡。随着身体一天天长大，它已经习惯了被小棍牵着的生活，再不想挣脱。

被驯养的骆驼自然听话，但也经常会发生悲剧。有时，当沙暴突然降临，骆驼队的人为了防止自己的骆驼迷失，就会迅速在地上插一根木棍，把一头或几头骆驼全都拴在小棍上。当骆驼的主人被巨大的沙暴远远裹走后，骆驼们就死死地待在小棍周围，若是主人始终回不来，没人拔掉木棍，它们就会一直待在原地，最终被活活地饿死。

与其说骆驼是被饿死的，倒不如说它们是死于经验和习惯。不可否认，经验对我们有一定的帮助，在工作上能提供诸多的便利。可是，如果死守着经验，总是按照习惯去做事，不懂得变通和创新，就可能被经验束缚，影响潜能的发挥。

GE公司的一位销售主管，在担任此职务六年中，使分公司的销量大幅度上升。在一次大型的销售行业交流会上，不少人都想听听他的成功秘诀。然而，他的回答却让人大跌眼镜："唯一的原因，恐怕就是我坚持雇佣没有经验的推销员。"

这听起来有点不可思议，众人都等着他做进一步的解释。

看到大家不解的样子，他接着说："大家别误会我的意思，我不是贬低有经验的推销员，可就我们公司所销售的设备来说，一个有几年销售经验的人，未必比一个刚刚接受过培训的年轻人做得更好。更多的时候，一些有经验的销售老手，不太会改善他的推销能力，反倒会养成一大堆的陋习。个人愚见，有些分公司销售量持续降低的原因，极有可能是他们雇佣的推销员在谋求个人利益方面太有经验了。如果是一个没有经验的推销员，反倒会好一些，他们更愿意尝试用全新的方法来创造好的业绩。更重要的是，他们会比在这个行业里做了20年的人，更有热情。我相信，一个人在工作上的表现，取决于他渴望达到的程度。一个在公司里升到了相当职位的老员工，通常会想坐下来享受那种生活方式，而不会花费太多时间去创造更好的销售纪录，一个新手却会为了不断改善业绩而付出更多的努力。"

其实，这番话说得很有道理。心理学研究发现，我们所使用的能力，大概只占自身所具备能力的2%~5%，每个人还有诸多潜力待挖掘。要打开潜力的大门，超越现在的自己，就要打破常规思路，摆脱经验的束缚，去找寻新的方法。

美国杰出的发明家保尔·麦克里迪在一次接受记者采访时，说起了这样一件事：

我曾经告诉我儿子，水的表面张力能让针浮在水面上，他那时候才10岁。当时，我问他，有什么办法能把一根很大的针放到水面上，但不能让它沉下去。我年轻时做过这个试验，我想提示他的是，借助一些工具，比如小钩子、磁铁等。我儿子却不假思索地说："先把水冻成冰，把针放在冰面上，再把冰慢慢化开，不就可以了吗？"

这个答案，简直让我惊讶万分！它是不是可行，已经不重要了，重要的是，我绞尽脑汁也想不到这样的办法。过往的经验把我的思维僵化了，而我的孩子却不落俗套。

在工作生涯中，学识和经验是时间赐予我们的财富，也是走向成功的基石。但如果你渴望不断地超越，有时就该跳出经验，打破常规，不要被它制约和扼杀了潜能。只有不被经验束缚的人，才能在未来的路上赢得更多的机会。因此，我认为有必要思考留出一定的空白时间，去做一些"白日梦"。

创新让人生生机勃勃

没有学习与创新，人生必将波澜不惊。

如果你是一个探险家，被困在了茫茫雪山中，食物耗尽，精疲力竭。你靠着仅有的设备与外界取得了联系，寻求援救。可是在茫茫雪海里寻找一个人难度太大了，警方出动了数架直升机，还是没能寻觅到你的踪影。在"弹尽粮绝"的情况下，你获救的希望变得越来越渺茫，面对这样的现实，你该怎么办？

大多数人可能想不出什么好办法。事实上，这不只是一个假设的问题，而是一个真实的案例。

那位被困在雪山上的探险家，最终选择了割肉放血！但他不是要自杀，而是用这种可能会加速死亡的方式引得救援人员的注意，鲜血染红了雪地，在白茫茫的视野中格外显眼。最终，在似乎绝望的困境中，他获救了。

在面临困难的处境时，不能因循守旧、墨守成规、停步不前，要敢于打破常规、解放思想、大胆创新，才有可能创造出新的生机。创新，既是一条生存法则，亦是一条成功智慧。

现代人才的竞争十分激烈，如何才能在众多员工中脱颖而出？如何能紧跟时代的步伐，不被社会淘汰？如何才能在职场中百战百胜，笑傲风云？现实的经验告诉我们：创新！

何谓"创新"？那就是人无我有、人有我优、人优我改！对于员工来说，"创新"意味着打破现有的僵化工作模式，打破经验主义和教条主义，遇到问题多动脑，冲破旧的思路，大胆地开辟新方法、新路径，唯有这样才能做出精品、超越他人，成就企业，成就自己。

哈罗啤酒厂位于布鲁塞尔东郊，无论是厂房建筑还是车间生产设备，都与其他啤酒厂没什么区别。唯一不同的是，这家啤酒厂有一个出色的销售总监杰克，他曾经策划的啤酒文化节轰动了欧洲，如今依然在多个国家盛行。

杰克刚进厂时还不满25岁，他相貌平平、家境贫寒，一直担心自己找不到对象。当他喜欢上了厂里的一个优秀女孩并鼓起勇气表白时，对方却说："我不会看上你这样平庸的男人。"这句话深深刺痛了杰克的自尊心，他发誓要做出一点非凡的事情来，证明自己不是无能之辈。可是，至于具体能做点什么，他并没有理出头绪。

当时的哈罗啤酒厂效益不太好，虽然也想在电视或报纸上做广告，可因销售的不景气根本拿不出这笔资金。杰克多次建议厂子到电视台做一次演讲或广告，都遭到了拒绝。无奈之下，杰克决定大胆一次，做自己想做的事。

很快，杰克贷款承包了厂里的销售工作，当他正为如何做一个省钱的广告发愁时，他不知不觉走到了布鲁塞尔市中心的于连广场。那天恰好是感恩节，虽然已是深夜，可广场上依旧热闹非凡，场中心撒尿的男孩铜像就是因挽救城市而闻名于世的小英雄于连。人们围绕着铜像尽情地欢乐，一群调皮的孩子用自己喝空的矿泉水瓶去接铜像里"尿"出来的自来水，然后相互泼洒。看到眼前的这幅景象，杰克萌生出一个奇思妙想。

第二天，路过广场的人们发现，于连的"尿"和往常不太一样，它不再是清澈的自来水，而是成了色泽金黄、泡沫泛起的"哈罗啤酒"，铜像旁边有一个大广告牌，上面赫然写道"哈罗啤酒免费品尝"。大家觉得新鲜有趣，纷纷拿着瓶子、杯子排成长队去接啤酒喝。

这个新奇有趣的事件惊动了媒体，电视台、报纸、广播电台争相报道。就这样，杰克没有花费一分钱，就让哈罗啤酒上了报纸和电视。这一年度，哈罗啤酒的销售量产量大增，比往年跃升了18倍。

企业家爱德华曾说："没有创新精神的人是可悲的，他们其实毫无用处。"

听起来似乎有点绝对，但它在某种程度上也折射出一个道理：老板喜欢有创新精神的员工，企业需要创新精神。尽管那些服从命令、按部就班的员工具备踏实忠厚的品质，但他们在工作中缺乏主动精神，没有自己的想法，无法给企业带来飞跃性的转折；那些自动自发、有独立思考能力、善于创新的员工，在遇到问题时习惯从另一条路去找方法，纵然不能做到屡次都成功，却让企业有了不同的尝试，给领导或其他员工带来启发。

美国的3M公司，是世界著名的产品多元化跨国企业。在3M公司，流传着一句非常有趣的话："为了发现王子，你必须和无数个青蛙接吻"。"与青蛙接吻"的寓意是什么？就是错误和失败。

这句话迎合公司的一项"工程师自主研究"的制度。谁都知道，研发的过程就是不断地探索和创新，期间不免会遭遇各种阻碍和失败，犯各类错误，但其领导人说："在3M公司，你有坚持到底的自由，也就是意味着你有不怕犯错、不畏失败的自由。"一个项目失败了，领导层从未考虑过如何惩罚员工，而是让他们在错误中成长，等到下一个项目时，能够巧妙地规避同类错误，增加成功的砝码。

曾经，公司的一位高级负责人，试图尝试开发一种新产品，但中途发生了意外，给公司造成了 1000 万美元的损失。当时，很多人对他的做法都感到不满，甚至有人提出要将其开除。然而，公司的董事长却认为，这次错误不过是创新的"副产品"，是可以被原谅的。如果继续给他工作的机会，他的进取心和才智可能会超过没有经受过挫折的人，相比那些害怕失败而不敢创新的人来说，这样敢于犯错的员工更显珍贵。

在董事长的信任和鼓励下，这位创新失败的高级负责人不但没有被开除，反而更加受重视。汲取了上次失败的教训，他重新进行实验开发，最终获得了成功，为公司做出了卓越的贡献。

这种宽容错误和失败的心态，从高层领导一直传递到最底层的员工。多年来，3M 从来没有因为"员工希望多做点事情，结果没有做好"而惩罚他们，而那些庸庸碌碌，麻木地"做一天和尚撞一天钟"的人，却是裁员时的首选。

创新精神不是与生俱来的，创新能力也不可能像神话中所描绘的那样会在某天早上突然降临到你的身上，它与个人的工作方式密切相关，是逐渐培养起来的。

1. 充分发挥想象力

一个建筑公司的员工找经理报销买小白鼠的钱，经理百思不得其解。员工告知，前两天装修的房子需要更换电线，而电线在一根直径只有 2.5 厘米、长 10 米的管道里，且管道被砌在砖墙里，还拐了 4 个弯，靠人来穿线几乎是不可能的。于是，他买了两个小白鼠，一公一母，把一根线绑在公鼠身上，并把它放到管子的一端；把母鼠放在管子的另一端，想办法逗它叫，吸引公鼠向它跑去。公鼠沿着管道奔跑时，系在它身上的那根线也就被拖进了管道。

没有解决不了的问题，只有不肯想办法去解决的人。在面对一些无法按照常规模式解决的问题时，就要充分发挥想象力，用特别的方式去处理。要丰富想象力，平日里就要多读书，开阔视野，积累知识。

2. 走少有人走的路

爱因斯坦在苏黎世联邦大学读书时，曾问自己的导师明科夫斯基："我怎么做才能在科学界留下自己的光辉足迹？"明科夫斯基一时间不知如何作答，直到三天后，他把爱因斯坦拉到了一处建筑工地，不顾工人的呵斥，踏上了刚刚铺平的水泥路，并说："只有未被开垦的领域，只有尚未凝固的地方，才能留下脚印。那些被前人踏过无数次的地面，别想再踏出属于你的路来。"

这句话让爱因斯坦如梦初醒，在后来的科学之路上，他一直留意着别人未曾在意过的东西，对诸多传统说法提出质疑，大胆创新，最终在人类的科学史上留下了自己的足迹。

循着别人走过的路，很难留下自己的脚印，只有勇敢地去怀疑和实践，走少有人走的路，才能发现未知的领域，有不一样的收获。

3. 不要被经验束缚

一艘远洋轮船不幸触礁，幸存的九个船员在海上漂泊几日后，登上一座孤岛。岛上一片荒芜，没有可吃的东西，也没有任何溪流。烈日当空，船员们口渴难耐，看着眼前一望无际的大海，既想喝却又不敢喝。

几天过后，其中的八个船员被渴死在孤岛。剩下的那个幸存者，在饥渴与恐惧的包围下，跳进了海里。他大口大口地喝着海水，却没想到那海水竟然是甘甜的！他以为自己会死掉，不曾想却活了下来，在获救之前的几天，他一直靠喝岛边的海水度日。后来，人们经过化验得知：这里的海水下面有地下泉水，所以海水变成了泉水。

经验是一座宝藏，可以为人们提供智慧，但经验不是绝对的，在有些情况下非但不奏效，还可能会束缚人的思维。在遇到一些棘手的难题时，应当参考过去的经验，但不要被经验捆绑，在经验无法提供帮助时，就要打破经验，寻找解决问题的新途径。

4. 换个角度思考问题

圆珠笔刚问世时，芯里装的油比较多，往往油还没用完，小圆珠就被磨坏了，弄得使用者满手都是油，很狼狈。为了延长圆珠笔的使用寿命，人们尝试用不少特殊材料来制造圆珠，可问题依然没能得到解决。就在这时，有人转变了思路，把笔芯变小，让它少装些油，让油在珠子没坏之前就用完了，问题顺利得到解决。

当你绞尽脑汁也想不出对策的时候，不妨换一个角度去思考。在某些时候，换一种思维，换一个角度，就会有不一样的发现。工作时，多思考你从没想过的解决办法，就可能大大提高工作效率。

说了这么多道理和方法，就是希望每一位员工都能走出囚禁思维的栅栏，突破思维定式。世上没有一定成功的事，也没有注定失败的事，只要你大胆地迈出第一步，敢做一个不向现实妥协而积极创新的骑士，你会离成功越来越近。

变则通的智慧

这里有一个简单的测试：当你开车行驶在一条路上，眼看就要抵达目的地了，突然车的前方出现一块电子警示牌，上面写着：前方道路施工，部分路段拥堵！这时，你怎么办？

选择1：仍然选择这条路，哪怕是堵车，也愿意等。

选择2：驻足观望，既不敢向前走，也不愿回头。心里既害怕堵车，又觉得已经走了这么远，不甘心回头，也担心回头后找不到其他的路。

选择3：毫不犹豫地掉头，寻找另外的路。可能会有碰壁的危险，但还是愿意尝试。

这三种选择，其实映射着职场中三种不同类型的员工及其做事的风格。

选择坚持走原路的人，思想上有些固执，常常会犯"一根筋"的毛病，消耗了时间和体能，工作效率却没有得到提升，做了不少无用功。

选择驻足观望的人，往往是优柔寡断的，在工作中总是迟疑不定，瞻前顾后，丧失了很多机会，业绩难有大的进展，还可能会留下无尽的遗憾。

选择掉头寻找新出路的人，是懂得变通的人，他们是工作中真正的勇者和智者。也许，在寻找新出路的时候会再次碰壁，但他们还会不断地进行尝试，直到找到解决问题的办法。

现代市场瞬息万变，一个企业必须紧跟时代的潮流，不断调整自己的步伐，才能免遭淘汰的命运。企业的灵动性从哪儿来？自然是来自人的思想观念和工作方法。一个卓越的员工，必须是一个善于变换思路和方法的人，不固守一种思路，不迷信一种方法，会审时度势、适时突破，在变化中迅速拿出新的应对方案，协助企业和老板攻克难关。

一家外贸企业的发展势头一直不错。可是某年年底，他们最大的合作伙伴遭遇了经济危机，这直接影响到了他们的利润。临近年底，总经理很发愁：按照惯例，每到年终都要给员工发三个月工资作为奖励，可眼下的形势不好，拿不出那么多钱，最多也只能加发一个月的。这个事情如果让员工们知道了，士气肯定会大受挫折，怎么办呢？

见总经理愁眉不展，助理小宋试探性地问及缘由。总经理正想找个人商量，就一五一十地告诉了小宋："很多员工都以为，年终奖最少会发两个月的工资，大家都憋着劲儿在设计假期出游、购置东西呢！大家做事都挺努力的，我真是不好意思告诉他们奖金少了那么多。就像是给孩子们发糖，以前都是一发一大把，现在突然变成了一颗，孩子们肯定不高兴。"

听总经理说到发糖，助理小宋脑子里灵光一闪，说道："我小时候去商店买糖，总喜欢找同一个人，他每次都是先少抓点，然后再一颗一颗地往上添；其他人却总是先抓一大把，多的话再往回拿。虽然结果都是一样的，可我还是喜欢慢慢添的方式……"

说到这里，总经理笑了起来，他领会到了小宋的"言外之意"。

两天后，公司里传出一个小道消息——"公司亏损严重，年底要裁员，领导正在确定具体的实施方案。"一时间，员工们都紧张起来，担心厄运会降临到自己头上。底层的员工想，裁员肯定是要缩减底下的岗位；中层的主管想，公司亏损肯定要减少开支，薪水高的职务肯定要精减……总而言之，每个人都惶恐不已。

就在大家惴惴不安时，总经理站出来宣布："虽然公司目前的形势很困难，可大家一直跟公司站在一起，我很感动，也很感激。不管情况多么艰难，公司都不会抛下共患难的员工，只不过今年的年终奖恐怕是没有了。"

一听说不裁员，员工们总算是松了口气。毕竟跟失业相比，不发奖金的痛苦算不得什么，顶多是过个"穷年"罢了，所以大家也都没有怨言。当员工们纷纷取消旅行和购物时，公司又召开了紧急会议，所有人的心又悬了起来，担心会有变故。

然而，会议刚开始几分钟，会议室里就爆发出了欢呼声，一张张严肃不安的脸上都挂满了笑容，他们都在想："真好！竟然还能拿到一个月的年终奖，过年的钱算是有着落了！"

看着员工们欢快离去的背影，总经理和助理小宋相视一笑，他们心中的大石头总算落了地，这个难过的坎儿也算是顺利迈过去了。

如果总经理向所有员工宣布，说年终奖从三个月减少到一个月，所有人心里可能都会觉得不舒服，毕竟落差太大了。幸好，有助理小宋的"提醒"，让总经理转变了发奖金的方式，把一场眼看即将怨声四起的矛盾，变成了皆大欢喜的结局。

灵活变通，是智慧中最大的智慧，也是才能中最大的才能。工作中的矛盾和变化是层出不穷的，谁都无法逃避，可如果直指锋芒造成正面的冲突，形成一种尖锐对立的局面，对个人、对公司都没有好处。唯有随着环境与形势的变化，不断调整处理问题的方式，才能开辟出柳暗花明的蹊径。

想在工作中赢得领导的嘉许，就要努力提升自己的灵活力。当你总能在重要的时刻想出出人意料的办法，让无望的僵局再现生机时，你会为自己赢得意想不到的丰硕回馈。

改变来自不起眼的创新

据悉,《经济学家》曾在大约200家中国优秀企业的CEO中做了一项关于"员工最致命的弱点是什么"的调查研究,最终得到的普遍回答是:缺乏创新能力。可见老板们都不大喜欢按部就班的"螺丝钉",他们每天都在瞪大眼睛寻找具备创新能力的人才。这也提醒了所有的职场人,如何将自己塑造成一个创新型员工,已是势在必行的任务。

创新精神不是与生俱来的,它与你的能力和工作方式有着紧密的联系,是逐步培养起来的。你永远不能指望它会像神话中描绘得那样,在某个瞬间突然降临到你的身上。大量的观察和研究证明,创新能力是靠创造欲望和强烈的创造动机来驱动的,这就需要你从生活的点滴中挖掘自己的创造力,提升创新意识,接受各个领域中的优秀思想。

诺贝尔奖获得者物理学家阿伯特·森特·乔尔吉认为:"创造和发现即是见他人之所见,想他人之不想。"此话运用到职场中,大可理解为:要善于在日常的工作中去发现他人忽略的东西,充分发挥创造力,使你的工作不断增加亮点。

Built NY Inc.是一家美国设计公司，总部位于纽约。2006年，该公司设计了一个可以装两个瓶子的布口袋，由于袋子的外观设计独特且十分精美，他们便特意为其申请了专利。

这个专利是由公司的三个创办人——家具设计大师斯沃特、罗恩和他们的生意伙伴韦斯，共同创意设计的。这个奇思妙想，源自一个酒类进口商的设计业务。

一次，有位酒类进口商找到斯沃特和罗恩，希望他们能帮忙设计一款装酒的皮质提袋，产品既要美观耐看，还要起到保护酒瓶的作用，防止酒瓶被碰坏。这项产品出来后，斯沃特和罗恩突然产生了一个想法：很多人经常带着酒出席宴会，却找不到新潮、好用又便宜的袋子，我们为何不设计一款，填补这一市场空白呢？

说做就做，很快他们就选定了制作产品的材料——可制作潜水衣的氯丁橡胶，这种材料能够有效地隔热绝缘，柔韧性好，色彩也比较鲜亮，做成精美的酒袋再合适不过了。因为只是一个简单的袋子，制作工艺并不复杂，材料成本也不高，零售价格不到20美分。所以，此产品一问世，就得到了消费者的追捧，很快成为热销品。

就是这么一个小小的口袋，让三个人获得了众多奖项，其中包括"杰出工业设计金奖"。后来，纽约现代艺术博物馆礼品商店还把这不起眼的袋子当成艺术品出售，可见其精美的外观在人们眼里的艺术价值之高。

小布口袋的热销，让精明的生意人韦斯嗅到了潜藏的商机，他觉得这款袋子已经不仅仅是一项简单的工艺设计了，还是一次成功的创新和创意，一项有独特价值的知识产权，甚至可以作为该企业的标志。于是，他联系到斯沃特和罗恩，经过商议后便申请了专利保护，使他们的公司一跃成为拥有自己的专利产品和独特品牌的知名企业，在行业内站稳了脚跟。

许多员工总觉得创新肯定是轰轰烈烈的，自己距离这个事情太遥远。其实不然，多数创新都来自于对细节的关注，一些看似不起眼的细节，往往就是平庸者的天堑。

美国投行资深分析师保罗·诺格罗斯曾经这样评价乔布斯："近乎变态地注重细节，是乔布斯的成功秘诀。"当初，为了重新设计系统界面，乔布斯几乎把鼻子都贴在电脑屏幕上，对每一个像素进行比对，他说："要把图标做到让我想用舌头去舔一下。"

对细节的重视，让乔布斯改变了世界。

他允许微软使用自己的图形界面技术，我们无须再死记硬背DOS命令；他做出了世界上第一个商用鼠标，我们无须再靠键盘输入；他定义了现代笔记本电脑，我们无须再为不能移动办公而困扰……然而，这些颠覆性的创新，不是突然间的发明，而是在某些细微处的改进与提升。他洞察到了别人未注意的细节，做了别人未做的事情，带给了用户不一样的体验。

在乔布斯这样近乎苛刻的领导者的带领下，留下来的员工都是近乎"疯子"般关注细节的人，苹果公司的整个氛围和空间也是为他们所准备的。在这样的空间里，为用户提供完美的产品，也成了每一个员工进行创新的目标。

管理大师彼得·德鲁克说："行之有效的创新在一开始可能并不起眼。"而这不起眼的细节，往往就会造就创新的灵感，让一件简单的事物有了一次超常规的突破。

世界上没有创新的事物，只有创新的组合。因为，世界上所有事物的基本组成元素就上百种，懂得或者习惯于创新的人仅仅是把它们进行了重新组合或者改变了其中的一两种组合而已。创新不一定要"以大为美"，关注工作中的细微之处，创新就在你身边！

思考中闪现创新的火花

1956年，美国福特汽车公司出了一款新车，无论是样式还是功能都很好，价格也不算贵，可销量却一直上不去，甚至比公司预想得还要差。公司的高管们心急如焚，照这样下去，生产成本都收不回来，无奈的是，大家想了很久都没有找到提升汽车销量的良策。

在福特汽车销售量居全国末位的费城地区，一位毕业不久的大学生，对这款新车产生了浓厚的兴趣，他就是艾柯卡。当时，他正在福特公司做见习工程师，这份工作本与汽车销售没什么联系，可看到公司老总为了这款新车滞销愁眉不展的样子，艾柯卡开始思考：我能不能想个办法让这款车畅销起来？

有一天，艾柯卡灵机一动，想出了一招。他走到经理办公室，大胆地提出了自己的创意：在报纸上刊登广告，内容是"花56美元买一辆56型福特"。意思是说，谁想买一辆1956年生产的福特汽车，只需先付20%的车款，余下的部分可按每月付56美元的办法逐步付清。

经理觉得这个办法可行，就采用了。结果，这则广告引起了很大的轰动，

"花56美元买一辆56型福特",不仅让很多消费者打消了对车价的顾虑,还让他们产生了"每个月只需要花56美元很划算"的感觉。

随后的三个月里,这款汽车在费城的销售量,从最后一名一跃成为全国的冠军。为公司做出重大贡献的艾柯卡,自然也得到了老板的重用,破格被调到华盛顿总部,被委任为地区经理。后来,艾柯卡根据公司的发展趋势,先后推出了一系列富有创意的举措,不仅成就了福特公司,也成就了他自己。

伏尔泰说过:"不断思考,就没有解决不了的问题。"

职场中有许多庸庸碌碌的人,他们不是缺乏做事的能力,而是缺乏认真的思考。对于工作中出现的问题,要么是懒得动脑,要么是推给他人,不愿意多费一点心思,也不愿意承担失败的风险。尤其是在公司面临大的困境或难题时,总觉得这是决策者该去解决的问题,作为执行者,只要服从命令听指挥就行了,根本没有想过自己能为老板做点什么,能为公司做点什么。这样的员工,无论在企业中工作多久,在老板心目中也只是人力,而非人才。

人才是什么?是能够帮老板切实地解决问题、有独当一面能力的人!出现问题时,他们不会让问题发酵酿成大祸,会主动为老板出谋划策,让老板省心省力,减少后顾之忧。每天按部就班、重复相同的工作,不偷懒、不出错,这些是每个员工都该履行的职责,而不是自诩称职员工、优秀员工的资本。唯有带着思考去工作,在做好本职工作的同时,尽可能地为老板和公司排忧解难,你才能成为老板心中不可替代的帮手。

如何在工作中不断提升思考能力呢?下面有几条建议,可供参考:

1. 经常独立思考

遇到问题时,不要总想着去请教他人或者依赖他人的结论。尝试自己去发现问题的本质,从不一样的角度去审视问题,找寻解决问题的办法。或许,你的办法不能每次都被采纳，但这个思考的过程却能够活跃你的思维，提升你的判断能力和解决问题的能力。

2. 遇事多问原因

不管到什么地方，遇到什么事情，多问几个为什么。这是思考问题、梳理思路的过程，时间长了，你就会慢慢养成勤于思考的习惯。

3. 善于归纳总结

时常对自己掌握的知识、处理问题的经验进行归纳总结，挖掘出普遍性的规律，在遇到其他问题时，融会贯通、举一反三，这样可提高解决问题的效率。

4. 全面地考虑问题

考虑问题最大的忌讳就是片面，这可能会导致舍本逐末、以偏概全的后果。所以，在思考处理方法时，一定要进行全方位思考，分析利弊以及所有可能产生的后果。一旦选择了适合的解决办法，即可提前做好规避风险的准备。

想到其他员工未想到的，做到其他员工未做到的，能从看似平常的事物中发现不同的东西，这一切只有善于思考的员工才能做到。这些懂得带着思考去工作的员工，无论走到哪儿，跟随什么样的老板，都会备受青睐。

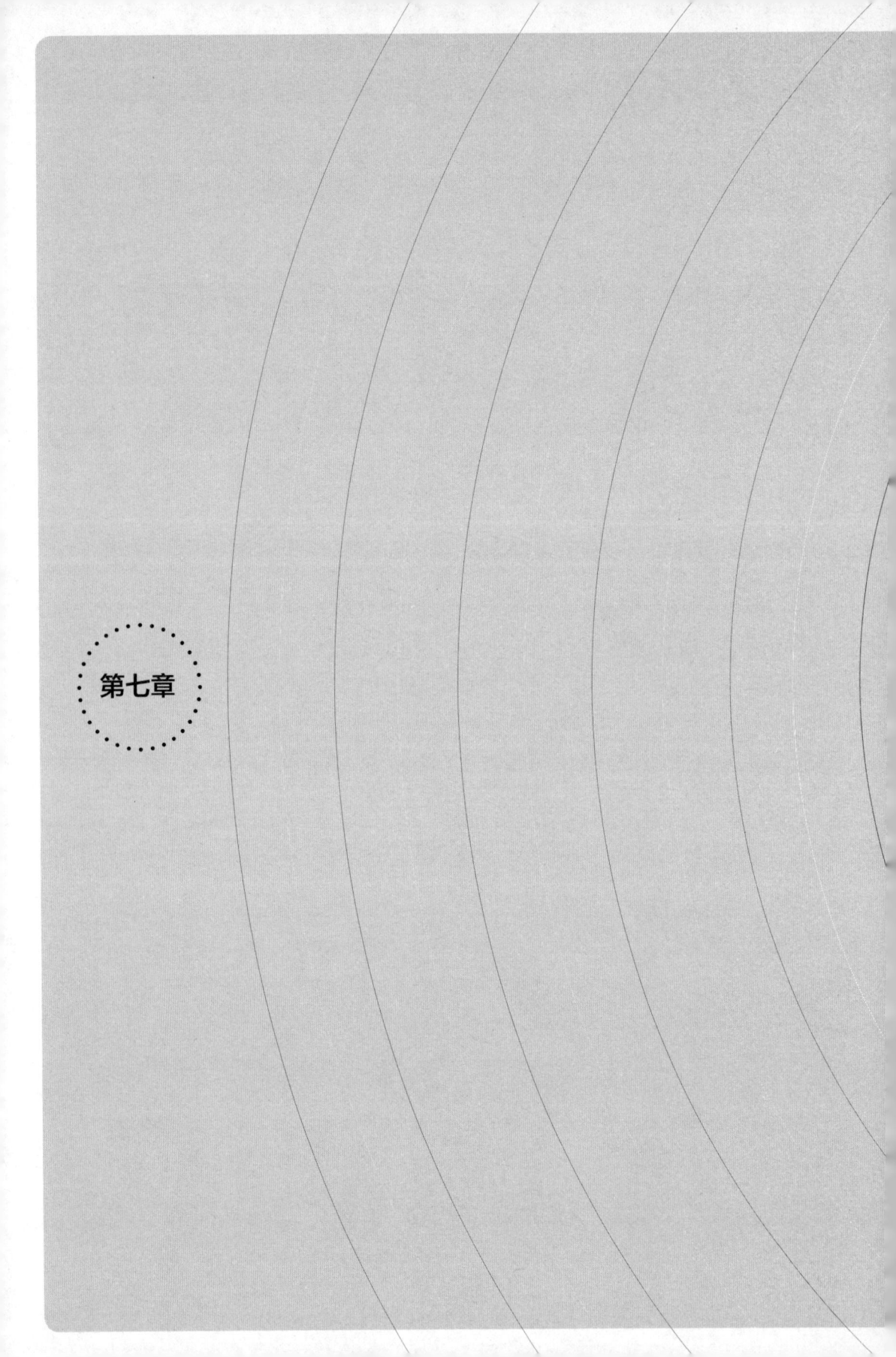

第七章

学习力：
知识就是竞争力

学习力就是竞争力

> 经常不断地学习，你就什么都知道。你知道得越多，你就越有力量。
>
> ——高尔基

一家知名的会计师事务所在北大招聘员工，它的招聘条件是：不要求员工是会计专业出身，或是有会计实务经验，但要求英语能力和计算机能力必须出类拔萃。许多学生不解，甚至嘲笑招聘者的思维有点无厘头。然而，招聘方是这样解释的："我们不是在寻找英语和计算机方面的人才，这两项能力出众的学生，意味着他已经具备了学习的能力。"

真正善于识人、用人的领导者，不会太介意你现在拥有什么，他们更看重的是你有没有学习的能力。在高速变化的时代，没有学习能力，就算眼前的这个人已经足够优秀，具备强大的专业知识，也经不住时间的考验。

看看你的周围，有没有这样的人？他们身体健全，头脑不笨，接受过高等教育，可在工作的路上走得一点也不顺利，不是屡遭失业，就是默默无闻，始终扮演着不起眼的小角色。为什么会如此？可能他们会将其归咎于机遇的问题，可真相往往是他们缺乏深厚的根基，工作期间又不注意积累经验、学习新的知识，丧失了进一步发展的能力。如果你是老板的话，在裁员的时候，也一定会首先考虑淘汰这样的员工。

李开复曾经说过："不要认为'教你学习'是老板的责任。学习是你自己的责任，你应该寻找所有的机会学习。哪怕你的岗位比较枯燥，也要寻找所有你能获取的养分。"

从某种意义上来说，学习能力就是竞争力。

哪怕你资质平庸，只要用心去学，日积月累，终会有所成；反之，就算你天资聪颖，可终日心浮气躁，也只会一事无成。职场上的强者，从来都不是与生俱来的。

纽约一家公司由于经营不善，被法国一家企业兼并。在签订兼并合同的当天，公司新任总裁宣布："我们不会因为兼并而随意裁员，但如果你的法语太差，无法与其他员工交流，我们不得不请你离开。这个周末公司将进行一次法语考试，考试及格的人才能继续留在这里工作。"

听到这个消息，所有的员工都开始着急起来，纷纷涌向图书馆、书店。只有一个员工和平时一样，直接回家了。大家猜测，他可能是不想要这份待遇丰厚的工作，知难而退了。可考试的结果却让所有人跌破了眼镜，这个被大家公认为最没有希望的人，竟然得了最高分。

原来，这位员工大学毕业后来到这家公司，发现自己身上有许多不足，从那时开始，他就下意识地提高自身的能力。不管工作多忙，他都会抽出时间熟悉公司所有部门的业务，谦虚地向同仁请教，很快就熟悉了工作流程。更难得的是，作为一名普通的销售员，他还经常跟技术部和产品开发部的同事们沟通交流，这使得他在面对客户的提问时，总能对答如流。

  细心的他发现，公司的客户多半来自法国，为此他在工作之余自学法语。当其他同事都在请翻译帮忙翻译客户的往来邮件及合同文本时，他已经能够自行解决这些问题了。

  法国的埃德加·富尔在《学会生存》中写道："未来的文盲，不再是不识字的人，而是没有学会怎样学习的人。一个人从出生下来就开始学习说话，学习走路，学习做事，学习一切的生存本领。当人学会了走路和说话，学会了做事，这只是具备了基本的自理能力，低级动物也会这些。作为高级灵性动物的人，要学会更高的生存本领，学到超越他人的本领，学习达成卓越人生的本领。这种本领从何而来？你必须具有超越他人的学习力。"

  每个人都渴望在职场中遇到一个赏识自己的伯乐，但在遇到伯乐之前，你必须先让自己成为一匹富有竞争力的千里马。靠什么来塑造这种职业竞争力？学习！在所有老板眼里，具备强大学习能力的员工，绝对是难能可贵的人才！他们在普通岗位上能带动他人发展，在重要岗位上能引领公司未来的发展，当企业遇到难题的时候，他们能以自身的学识和经验帮企业走出困境。为了这样的员工，乔布斯说："我大约把四分之一的时间用在招募人才上。"

  学习无法改变人生的长度，却可以增加人生的厚度；学习无法改变人的出身，却可以改变人的命运。现在你是谁不要紧，重要的是你可以通过学习让自己成为谁！

工作是学习的最佳机会

H是我大学时代的校友，当年学的是会计专业，勤奋踏实，属于"学霸"类型。临近毕业时，她参加了几场校园招聘会，跟招聘人员谈过后，发现他们对求职者的要求很高，周围的同学也总抱怨现在竞争太激烈，想要胜出，学历也是很重要的因素。

就这样，H打消了就业的念头，决心考研。事实上，当时已经有公司向她伸出了橄榄枝，只是待遇不那么称心，她不愿意委曲求全。读研的日子不算太累，两年的时间很快就过去了，就业的问题再次摆在眼前，无法逃避。

经历了面试、笔试、实习后，H最终留在了一家会计师事务所。曾有人跟她说，在事务所能学到在企业10年甚至20年也学不到的东西，如果你对专业知识掌握得很熟练，又肯吃苦，发展前景会很乐观。

H本是很有信心的，她的专业知识扎实，又是名牌大学毕业的研究生，心里多少还是有点优越感的。可当她入职后才发现，情况并非自己想象得那样。公司里的同事，岁数大的学历不高，但经验非常丰富，深受老板赏识；年龄相当的，第一学历可能不如自己，但工作时间比自己长，无论心态还是做事，都比自己老成，有些人正在读在职研究生，也即将拿到硕士学位。面对具体的工作，她根本无法做到"学以致用"，基本上还是一个从零开始的新生。

这样的现状，让 H 清醒了许多。回想自己当年考研的决定，并非全是因为想深造，更多的是想用知识和学历来给自己"贴金"，把学习和工作彻底隔离开了。真正步入职场才知道，学得再多、学历再高，工作后还是要边干边学、不断完善。

十年后的 H，已是会计师事务所的主力了。她总说："能有现在，多半都是在工作中边实践边学习的结果。但无论眼下你多有能力，表现多优秀，不继续学习依然有被淘汰的可能。"

那些头顶着名校毕业、硕博学历光环的人，走进职场未必能成为焦点；那些起点很低、善于学习的草根，却也可能成为优秀的职场人。两者的区别在于，前者在学习中拒绝工作、在工作中拒绝学习，后者则是在学习中工作、在工作中提升。

惠普公司前董事长兼 CEO 卡莉·菲奥莉娜，她的职业生涯是从秘书工作开始的。她不断地提升自我价值，一步步走向成功，最终从男性主宰的权力世界中脱颖而出，被誉为"全球第一女 CEO"。卡莉·菲奥莉娜学过法律，也学过历史和哲学，但真正促使她成功的不是这些条件，而是学习能力。

卡莉·菲奥莉娜说："不断学习是一个 CEO 成功的最基本要素。在工作中不断总结过去的经验，不断适应新的环境和新的变化，不断体会更好的工作方法和效率。我在刚入职场的时候，也做过一些不起眼的工作，但我还是从自己的兴趣出发，找到最合适的岗位。因为，只有工作与兴趣相吻合，才会有更大的积极性在工作中学习新的知识和经验。在惠普，不只是我需要在工作中不断学习，整个惠普都有鼓励员工学习的机制。每过一段时间，大家就会坐在一起，相互交流，了解整个公司的动态，了解业界新的动向。这些小事情，是能保证大家步伐紧跟时代、在工作中不断自我更新的好办法。"

不可否认，学历对一个人而言很重要，但它也只能证明一个人的文化知识达到了某种层次，是相对固定的。企业在招募人才时，不仅要看学历，还要看能力。

很多人都觉得，工作后很难专心学习，殊不知，工作才是学习的最好机会。人的一生是短暂的，专门用来学习的时间更是少得可怜。学校里获取的教育只是一个开端，其价值在于训练思维使我们能够适应以后的学习和应用。他人传授给我们的知识，远不如自己勤奋学习和工作实践所得的知识更深刻、更久远。

要为自己赚得赏识和前途，就要随时随地注重工作能力的提升，要努力将任何事情都做得更好。细心观察研究生活中接触到的所有事物，珍惜与自己前途有关的一切学习机会。尤其是青年时期，积累知识比积累金钱更重要。当你把所有的事情都学会了，你获得的内在财富比有限的薪水要高出数倍，你的价值也会随之大幅提升。

向他人学习，哪怕是竞争对手

大约在1500年前，意大利佛罗伦萨有人采掘到一块质地精美的大理石。从自然外观上看，这块大理石很适合雕刻成一个人像，但是放置许久却没有人敢动手。有一位雕刻师，想冒险一试，可他只在后面打了一凿就放弃了，他深感自己无力驾驭，害怕浪费这块宝贵的材料。

直到有一天，这块大理石遇到了米开朗基罗，它才脱胎换骨，变成了精美的"大卫像"。令人遗憾的是，先前那位雕刻匠的一凿有点太重了，在大卫的背上留下了一点伤痕。对此，有人问米开朗基罗："是不是那位雕刻匠太冒失了？"

"不！"米开朗基罗说，"那位先生相当慎重，如果他冒失轻率的话，这块材料早就不复存在了，我的大卫像也就无法产生。这点伤痕对我来说，未尝没有好处，它时刻提醒我，每下一刀一凿都不能有丝毫的疏忽。在雕刻大卫的过程中，那位老师自始至终都在我的身边，帮我提醒警惕。"

米开朗基罗赢得他人的赏识和尊重，不只是因为他精湛的雕刻技艺，还有那份虚怀若谷的姿态。虽然在众多知难而退、不敢挑战的同行中脱颖而出，但他的言谈举止中却没有流露出丝毫的骄傲；纵然那位技艺不如他的雕刻师给大卫像造成了美中不足的遗憾，他也没有一句指责和怨言，反倒肯定了对方的慎重，并从中汲取了经验教训，最终完成了举世瞩目的杰作。

米开朗基罗只有一个，可尊重他人、欣赏他人、学习他人的行事作风，却是成就每个人的品行和素养。尤其是在工作中，善于向周围的人学习，不仅能使你在专业领域内得到提高，更能激发自我学习的动力。那些平庸又得不到重用的员工，几乎都是既看不到自身的不足，也不愿意承认他人的优秀，更缺少虚心向他人学习的精神和能力。

人的一生中，有 70% 的学习内容是在工作中获得，20% 是从经理、同事那里获得，10% 是从专业培训中获得。要让自己从平凡走向卓越，就得善于学习，不能只盯着别人的缺点和错误，更要看到他人的优势，取其所长，避其所短。身在职场，值得你学习的人很多。

学习对象 1：老板

每个人都有自己崇拜和欣赏的对象，只是很多时候，人们愿意崇拜和学习的总是那些距离自己很遥远的人，却忽略了近在身边的智者——老板，甚至有人在想起老板时，心里都是怨怼的情绪。可是，就在你抱怨老板学历低、素质低、背景差、脾气大、心眼小的时候，你有没有想过他身上的闪光点呢？

多少私企老板，白手起家，靠自己的本事实现了自己的梦想；多少国企老板，兢兢业业，凭自己的能力扭转了企业的命运，让千万员工免遭下岗失业的窘境，他们难道就没有值得效仿的地方吗？

若问谁是企业里最有责任心的人，老板绝对排在首位。如果你能随时随地向他学习，你做事就会更尽心尽力，更有同理心和使命感，也更能得到老板的赏识与信任。

学习对象 2：同事

每个人身上都有不同的优点，只要你用心寻找、虚心请教，总会发现一些能给自己提供帮助的东西。平时一定要多看多听，多向同事学习业务上的知识和经验，提高归纳总结和消化吸收的能力，把别人的东西迅速转化为自己的能力，最终运用到自己的工作中，才能进一步提升自己的整体实力。

学习对象 3：客户

客户的每一次挑剔和拒绝，无疑都会给人带来些许的失落和沮丧。可从另一个角度来说，这也是一个自我批评和进步的机会，至少他让你发现了自身的不足，为你指明了学习和完善的方向。只要放平心态努力提升，受益最大的人终是自己。

学习对象 4：对手

职场竞争向来激烈。每个人都渴望超越竞争对手，获得脱颖而出的晋升机会，可问题是，如何才能超越竞争对手？恶性的排挤打压自然是行不通的，即便靠卑劣的手段上位，待真相暴露后，势必会遭到老板和同事的唾弃。最可靠、最长久的胜出法则，就是向竞争对手学习，取人之长，补己之短。

"一叶障目，不见泰山"，这是职场晋升和自我完善的大忌。无论你现在身处什么职位，做出了什么样的成绩，都不要恃才傲物、狂妄自大。对自己的成就轻描淡写，以虚心的姿态取他人所长，不仅能让你在职场赢得好印象，也能让你的学识越来越丰富，更能让你的人生越来越精彩。

从"蘑菇"长成"大树"

寒窗苦读十几年,学富五车,终于熬到了毕业那天,自己在心里暗暗发誓:一定要在新的环境里大展拳脚。这些预想的情景是很吸引人的,可真正步入了职场,才知道原来现实是另外一回事。而事实上,每个人的第一份工作,几乎都是伴随着挫折与痛苦的。

亲戚家的儿子在一家外贸公司做会计,从入职到现在已经有几个月的时间了。可上次见面时他对我说,公司的财务主管一直都没给他分配跟会计有关的工作,就让他在办公室里做一些辅助性的事,如录入和核对基础性的账目数据,收发各类公文、公函、打印材料,偶尔跟着一起去银行跑跑腿,跟他想做的会计工作毫无关系。

"我觉得自己就像勤杂工,每天做的都是无关紧要的事,在办公室的角落里自生自灭。"我到现在还记得他说这些话时的表情,充满了自嘲与无奈。他还说,公司的同事对他也不是很客气,有些不愿干的活就推给他,做得好了没人感谢你,做得不好却会落埋怨。总之,他觉得自己很委屈,觉得公司的氛围以及人际关系都不太理想。

我知道，他说的这一切绝对没有夸张的成分；我还知道，有类似感受的人不止他一个。事实上，每个人的第一份工作，几乎都是伴随着痛苦和压抑的。这一点，早在20世纪就有人总结出来了，并将其称为职场的"蘑菇定律"。

20世纪70年代，电脑行业刚刚起步。从事电脑程序研发的人员得不到人们的理解和尊重，甚至还被其他行业的人质疑，这些年轻的电脑程序员就激励自己说："一定要像蘑菇一样生活！"

为什么要像蘑菇呢？很简单，蘑菇长在阴暗的角落，得不到阳光的照耀，也没有肥料，常常面临着自生自灭的状况。只有长到足够高、足够壮的时候，才会得到人们的关注。事实上，此时的它们已经能够独自接受阳光雨露了。年轻的电脑程序员把蘑菇当成榜样，就是在给自己鼓劲儿，他们相信终有一天自己会出人头地，得到鲜花和掌声。

不可否认，"蘑菇期"的日子的确不好过，但这也是每个职场人必须经历的成长之路。无论多么优秀的人，都是从一颗"蘑菇"成长起来的。企业对新进人员都是一视同仁的，从试用期到正式工作不会有太大的差别，都要从最基本、最简单的事情做起，一来是为了熟悉环境和工作流程，二来是消除不切实际的幻想，看问题更加实际。

一位高级职业顾问谈到"蘑菇期"的问题时，说得很透彻："很多新人并不了解自己在职场上适合做什么工作，所以初入职场的第一年几乎都是被企业安排在不同的基层岗位上进行学习积累，做一些辅助性工作，甚至是看起来并不起眼的工作，使其经受不同的磨砺和考验，这是许多用人单位和领导者对待初出茅庐者的一种考察和管理方法。遇到困难和挫折时，能够拿出越挫越勇的斗志，不断提升自我，哪怕是再简单的事情也做得妥妥当当、漂漂亮亮，那这个员工迟早都会受到用人单位的重用。"

我很认同这位职业顾问的说法，而现实的情况也的确是这样，许多商界名人和职业经理人，也都是从底层提拔上去的，他们也经历过黑暗的"蘑菇期"。

> 惠普公司前CEO卡莉·菲奥莉娜，从斯坦福大学法学院毕业后，到一家地产公司做电话接线员，每天的工作就是打字、复印、收发文件、整理文件，基本上全是琐碎的杂活。父母和亲友都觉得她这份工作不太好，可她却不这么认为，依然认真地做着该做的事。
>
> 有一次，公司的经纪人问卡莉·菲奥莉娜："你能不能帮忙写点稿件？"她爽快地答应了。这次撰写文稿的机会，成了她事业的转折点。此后，她在事业上平步青云，最终坐上了惠普CEO的位置。

成功需要熬。不被重视的日子要熬，薪水卑微的日子要熬，挨批受训的日子要熬……不过，这种熬不是空等，也不是得过且过，而是在默默无闻的日子里丰富自己的知识，锤炼自己的心态，提升自己的能力。如若不然，如何才能熬出头呢？

俞敏洪说过，人的生活方式有两种：一种像草，一种像树。像草一样活着，人们可以踩过你，但不会因为你的痛苦而产生痛苦，也不会因为你被踩了而来怜悯你；像树一样活着，就算被踩到泥土中间，依然能够汲取养分成长起来，当你长成参天大树以后，在遥远的地方，人们就能看到你，你能给人一片绿色。

无论你是初入职场的新人，还是刚刚踏入一个新的行业，只要你正经历着黑暗的"蘑菇期"，就要放平心态，学会忍受和习惯，并从中不断汲取养分，蓄积能量，缩短你的"蘑菇期"。你若能做到，就会从不起眼的小草，长成参天的大树！

批评是最快的成长方式

心高气傲的女职员茉莉，刚一上班就收到了来自同事的邮件，言辞非常愤慨，直截了当地批评了茉莉在上周完成的项目中的表现。茉莉看完后很生气，恨不得立刻予以还击。作为一个完美主义者，茉莉对自己的要求很高，她很难接受别人的批评，不管对方是谁，也不管是否出于好意。在她看来，自己对自己的表现就已经够挑剔的了，别人凭什么还要指手画脚？

所幸，茉莉尽量控制住了自己的情绪，待心里想要还击的念头渐渐冷却后，她重新读了一遍同事发来的邮件。抛却个人的感情和立场后，她终于看到了邮件中传达的那些非常中立的信息，其中有一些说得确实有道理。最后，茉莉给同事回复了一封邮件，里面没有反驳和抨击的言语，有的只是感谢。

身在职场，谁也不能保证永远不犯错，这就意味着，遭受批评是不可避免的事。然而，错误不可怕，批评也不可怕，真正可怕的是你无法认识到自己的错误，甚至扭曲他人批评的本意。没有谁是在顺境中成长起来的，人们都是在不停地犯错、不停地汲取经验和教训中，才逐渐走向成熟，走向成功的。

有一个老木匠，在家乡的知名度很高，不少人慕名来学艺，可最终都因不堪忍受他的暴脾气，选择了放弃。唯有一个矮小的男孩，因生活所迫，靠着强大的心理素质坚持了下来。跟随老木匠学艺的日子里，他犯一点点错误都会引来一顿臭骂，可狂风暴雨过后，老木匠又会像父亲一样，告诉他犯错的原因，会有什么样的影响，以及该怎么去做才对。

对小木匠来说，每一次挨骂无疑都是痛苦的，但每一次挨骂又都是一次学习的机会。小木匠进步得很快，两年后，他尽得老木匠的真传，掌握了几门几近失传的手艺。靠着这份精湛的手艺，小木匠走出了贫寒的生活，实现了名利双收。

一日为师，终身为父。过年时，小木匠从外地回到家乡，先去看望了恩师。老木匠见徒弟有了出息，笑着说："当年，很多人都嫌我脾气古怪，受不了，你是怎么看的？"小木匠感慨地说："对您的责骂，我曾经也不理解、不接受，甚至还记恨过您。可现在自己出来闯天下，才体会到'骂'是您的一种教导方式，没有您的骂，就没有我的今天。"

批评，从来都不是一件坏事。只是现在的许多员工，成长环境过于顺利，对批评的免疫力低，任何一句否定或质疑的话，都会带给他们巨大的心理压力，影响工作的士气和斗志。这种"破罐子破摔"的心理，一旦被老板发现，印象会大打折扣。毕竟，一个员工能否冷静、理性地对待批评，直接反映着他的心理素质和品德修养。

那么，要以什么样的态度来对待批评，才是正确的呢？

1. 不要把批评当成个人恩怨

很多人在受到批评时，第一反应就是质问自己——我做错什么了？为何要经受这样的指责和伤害？紧接着，就会下意识地把别人的批评当成个人恩怨，愤怒的情绪蒙蔽了理智，让事情朝着更糟的方向发展。

冷静想想，有哪个老板会以故意批评人为乐？哪个同事愿意与工作伙伴翻脸？他们批评你一定是有原因的，也应该是充分考虑后才说出来的。在面对批评时，不妨自我检讨一下，看看别人说的是否有道理？有则改之，无则加勉。

2. 切忌当面顶撞，听人把话说完

在公开场合受到老板和同事的指责，任何人都会感到难堪。尤其是，当对方的批评根本没有道理的时候，在众目睽睽之下，不少人会为了面子当面反驳和顶撞，以彰显自己的无辜。

逞一时嘴快，也许能换来旁观者的一丝同情，可留给老板的却是加倍的震怒和斥责，留给同事的是蛮横无理的印象，最终受害的还是自己。所以，当别人批评你时，不妨让他把话说完，忽略没用的消息，接受需要的建议，然后继续你的工作好了。

3. 不要纠结太久，转移注意力

受到批评后，耿耿于怀，情绪低落，担心别人看不起自己，害怕老板今后会戴"有色眼镜"看自己，这样完全没必要。批评就像雷达指示屏上的小亮点，整个指示屏才是真正的你，不要因为一个亮点忽略了其他部分。当你从批评中汲取了经验教训后，就要做点其他事情来转移自己的注意力。

英国学者利斯特说过："我能想象到的人的最高尚行为，除了传播真理外，就是公开放弃错误。"错误并不可怕，批评也不可怕，只要能够正确地认识它们、对待它们，从错误中吸取教训，从批评中汲取营养，就能让自己逐步走向成熟，走向成功。

用对时间做对事

朋友K是一家广告公司的设计总监，曾经打电话跟我诉苦，说他现在的状态完全就是"两眼一睁，忙到熄灯"。当时觉得他的形容有些逗趣，可后来才知道，他及公司里的不少人，每天都陷在这种疲于奔命的状态里，身心交瘁。

说说K每天的工作情况吧！通常情况下，他要花费六到七个小时做设计和研究，还要兼顾部门里的其他事务，经常是风尘仆仆地从外面回到公司，又急急忙忙地出去，设计部里的每件事他都要亲自参与，倘若他人不在公司，也会通过电话进行处理，否则他一百个不放心。

就算是这样，K的时间依然不够用，他的设计工作也受到了很大的影响，经常是到最后期限才拿出作品。可由于事情太杂，很难静下心思考，他设计出来的东西也不是太令人满意，老板好几次都表示，他的创意能力不如从前了。

我在电话里提醒他："你为什么要忙成那样呀？管好你的时间，做好重要的事不就行了吗？把那些无关紧要的事情，交给你的助手，你集中精力去做设计。"

一段时间后，K约我见面，说我帮了他的大忙。他说，原来每天忙忙碌碌，可真正有价值的事情并没做多少。后来，他听从我的建议，把杂事都交给了助手，果然做事效率高了很多，设计的灵感也逐渐找回来了，作品就是比"赶"出来的要强很多。

谁能在有限的时间里，最大限度地减少浪费，谁就是赢家。

伯利恒钢铁公司的总裁查理斯·舒瓦普，曾为自己和公司的低效率烦恼不已，最终他选择向效率专家艾维·李求助，希望他能卖给自己一套思维方法，告诉他如何在短时间内完成更多的工作。

艾维·李说："没问题！我十分钟就可以教你一套至少可以把工作效率提高50%的办法。把你明天必须要做的最重要的事情记下来，按照重要程度编上号码，最重要的排在首位，以此类推。早上一上班，马上从第一项工作做起，一直做到完成为止。然后，用同样的办法处理第二项工作、第三项工作……直至你下班为止。即便你花费了一整天的时间才完成第一项工作，那也没关系，只要它是最重要的工作，就坚持做下去！每天都这样做，在你对这种方法的价值深信不疑后，让你公司的员工也这样做。这个办法你愿意试多久都可以，然后给我寄张支票，填上你认为合适的数字。"

舒瓦普认为，这个方法很奏效，不久后就填写了一张25000美元的支票给艾维·李。后来，舒瓦普一直坚持用这套方法，五年后，伯利恒钢铁公司就从一个鲜为人知的小企业一跃成为颇有影响力的钢铁巨头。舒瓦普经常对自己的朋友说："我和整个团队坚持先做最重要的事情，我认为这是我的公司多年来最有价值的一笔投资！"

要成为一个高效能的员工，塑造一个高效能的团队，就要把时间用在最重要的事上。

那么，何谓最重要的事呢？它应当符合五个标准：

标准1：完成这件事让你更接近自己的主要目标（年度目标，月目标，周目标，日目标）。

标准2：完成这件事有助于我为实现组织、部门、工作小组的整体目标做出最大贡献。

标准3：完成这件事的同时，可以解决其他许多问题。

标准4：完成这件事能让你获得短期或长期的最大利益，如升职加薪等。

标准5：完不成这件事，会产生严重的负作用，如生气、干扰、责备、失业等。

有些人总把紧迫的事当成重要的事，这是一个误区。紧迫的事情通常是显而易见的，但也是比较容易完成的，如接听电话、收发邮件等，但不一定很重要。我们应当把时间用在那些重要但不紧迫的事情上，如做一个策划案、一个创意书，虽不要求立刻做好，但绝对是最有价值的事，它直接决定着你的工作业绩。

当你懂得把时间用在最具有"生产力"的地方，把精力用在最具价值的工作任务上时，工作对你而言就不再是一场永无止境、永远也赢不了的赛跑，而是可以带来丰厚收益的活动。更重要的是，在轻松应对工作的同时，你还能够博得老板的认可与信任，让他放心地将重要的任务交付给你。毕竟，高效能的员工，到哪儿都是稀缺的资源。

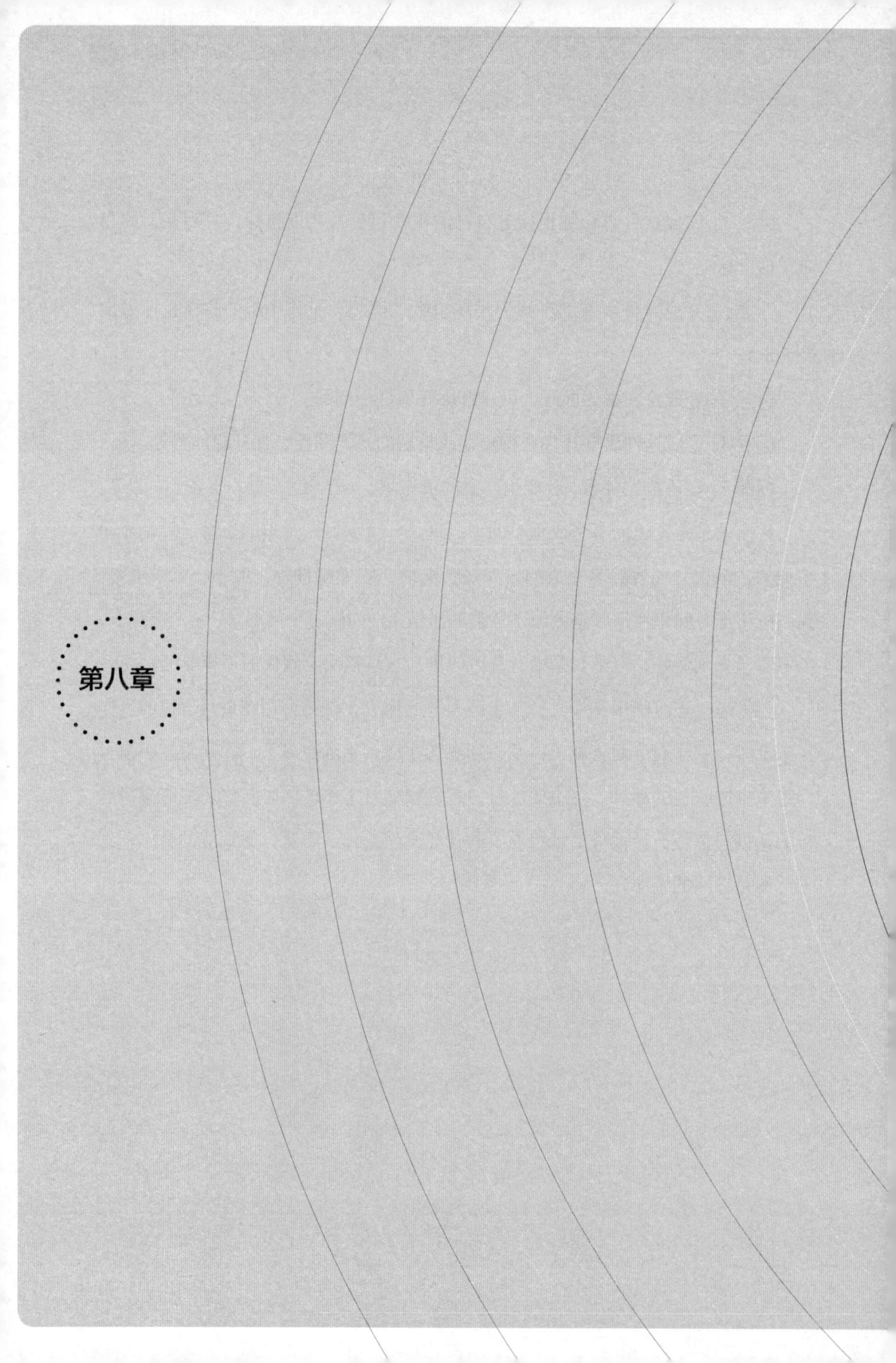

第八章

担当力：
成大事者的必备能力

有勇气说"我能"

假设，老板交给你一项颇具挑战性的任务，依照你平时的能力来说应该可以完成，可你的内心还是有些担忧和害怕，甚至想到推脱给别人。对此，你会怎么办？

两个选择：一是勇敢接下，说"没问题"；二是犹犹豫豫，说"试试看"。

别看同样都是三个字，给老板留下的印象却完全不同。"没问题"代表的是一种自信，直接告诉老板，我会竭尽全力去完成；"试试看"隐含的是一种逃避，潜意识里是在为"完不成"找借口！

事实上，每个人在工作中都可能会产生自我怀疑，重要的是如何控制自己的思想，在关键时刻表现得从容，将自我怀疑转化为自信。如果因为害怕做不好而不去做，反复地问自己：我行吗？万一出错怎么办？自信就会不知不觉降低，负面的干扰因素也会悄然增加。

亨利·福特所说："如果你认为自己行或不行，你常常是正确的。"

一个名叫坎贝尔的女子徒步穿越了非洲，战胜了森林和沙漠，还通过了400公里的空旷地区。有人问她："为什么能完成这令人难以置信的壮举？"她说："因为我说过我能！"

回顾一下工作中发生的事，你会发现那些做成的事通常都是你认为自己能够做好的事，你认为不会发生的事也真的从未发生。因为你在头脑中为自己设计好了未来的结果，你的潜意识也在朝着那个方向行驶。世界上所有的成功，都离不开这一份积极的信念和自我激励。

1949 年，一位 24 岁的年轻人，自信满满地走进了美国通用汽车公司，应聘会计职位。他之所以来通用应聘，只因父亲告诉他，通用汽车是一家经营良好的公司，值得去看看。

面试时，年轻人很自信，给负责招聘的面试官留下了很深刻的印象。当时，会计职位只招一个人，而应征者却很多。对于一个新手来说，可能很难立刻胜任这份工作。但这个年轻人似乎并不畏惧，他认为自己完全可以胜任这个职位，他说自己是一个善于进行自我激励的人。

靠着这份自信，他得到了面试官的赏识，被录用了。事后，这位面试官对自己的秘书说："我刚刚雇用了一个想成为通用汽车公司董事长的人。"是的，面试官在当时只把这句话当成了玩笑，却不知这是那位年轻人内心真实的想法。

多年以后，这位年轻人的名字被人们所熟知——罗杰·史密斯，他真的如自己所言，成了通用汽车公司的董事长。

现实往往就是这样，如果你觉得自己能行，就会产生一种积极的意识，认定自己会成功；如果你觉得自己不行，则会产生消极的意识，结局一定很糟糕。

罗杰·史密斯的经历也告诉所有职场人：能够脱颖而出得到老板赏识的人，一定是充满自信、有着远大抱负的人。在面对艰难的任务时，他不会犹犹豫豫、畏畏缩缩，即便眼下的条件不利，他也敢拍着胸脯接下重任，努力创造条件去完成它！

如何才能摒弃自我怀疑，成为老板欣赏的自信员工呢？

1. 正确认识自己

自我怀疑的人，往往是因为没有正确认识自己，看不起自己，不相信自己，做什么事情总想着依赖别人，总担心自己做不好。要矫正这种心理，就要不断给自己灌输积极的理念，凡事未做之前先告诉自己"我行"，以此作为鼓励，并付诸实践。可能一开始会不太习惯，但在做成了几件事后，你就会慢慢找到那种"天生我材必有用"的感觉，逐渐摒弃对自我的怀疑。

2. 从小目标做起

自我怀疑往往是在多次碰壁、屡遭挫折后产生的，要想减少它的干扰，就必须确立合理的目标，避免好高骛远，从小事做起。随着小目标的实现，自信会不断增加，能力也会不断提升，这是实现大目标的途径，也是找回自信的方法。

3. 不要过于虚荣

斯宾诺莎说："自卑与骄傲相反，实际却与骄傲最为接近。"总爱自我怀疑的人，往往自尊心都是很强的，心理包袱过重，无法轻装上阵。完成重任不是为了面子，而是为了验证自己的能力。唯有放下虚荣心，才能专注于做事，即便是失败，也不至于陷入纠结的情绪中难以自拔。

承认错误让你更有力量

> 承认错误是一个人最大的力量源泉,因为正视错误的人将得到错误以外的东西。
>
> ——特里

常言道:"智者千虑必有一失。"一个人再聪明、再有才能,也难免会有疏漏、犯下错误。面对错误,最好的办法是什么呢?不是急着去辩解,而是坦然地承认,尽快想办法去弥补和改正。这不仅是做人的素养,更是处事的智慧。

石某是一家外贸公司的市场部经理,任职期间,他没有经过仔细的调查研究,就批准了一位职员为法国某公司生产3万部高档相机的报告。待产品出来,准备报关时,公司才知道,那个员工早已被猎头公司挖走了。那批货物即使到了法国境内,也不会有买主,货款自然也没办法收回了。

对公司来说,这无疑是一个大损失。石某很是焦急,在办公室里坐立不安,思前想后,他还是决定把这件事情向老板摊牌。鼓足了勇气,他走进老板的办公室，见他脸色十分难看，老板就开始询问缘由。

石某很坦诚，把事情一五一十地讲给老板，主动承担了全部责任，说："这是我的失误，我愿意承担责任，也会尽最大努力挽回损失。"老板被石某的坦荡和敢承担责任的态度打动了，答应了他的请求，并拨款协助他到法国进行调查。

功夫不负有心人。在法国调查期间，石某又联系到了一个新的买家。半个月后，那批高档相机就出口了，价格比原来的还要高。对这次危机事件的处理，老板非常满意，非但没惩罚石某，还给他发了项目奖。

松下幸之助说过："偶尔犯了错误无可厚非，但从处理错误的态度上，我们可以看清楚一个人。"人人都会犯错，但不是每个人都有勇气去承认。在职场上，一个员工有没有承担错误的勇气，向来都是领导者们十分看重的职业素养。

有一位毕业于名校的工程师，论学识和经验，比周围的同事都要强，唯独有一点，犯了错误以后总是不承认，还要找一堆理由为自己辩解开脱。他刚进入单位时，领导对他很器重，事事都放手让他去做。由于过于刚愎自用，他犯了不少的错，且有些错误明摆着就是他的失误，但他总是拿出无数的借口，死活不承认自己的问题。

领导在技术方面比较薄弱，有时会被工程师的专业术语反驳得无言以对。时间长了，领导也觉得此人不适合在单位里长期发展，至少不具备做中层人员的素质，就找了一个理由，委婉地将其辞退了。

其实，这位出身名校的工程师，心理上或多或少有一种优越感，总觉得承认自己犯了错误，就等于当众丢脸了，承认技不如人。殊不知，成长的道路是艰难的，是需要不断尝试、不断磨炼的，蜕变的本质就是经历失败和错误，从中吸取经验，逐渐走向成功。

承认错误不是一种无能和懦弱,相反,它是一种令人敬佩的、敢作敢当的行为。记得一位高级职业经理人曾经这样阐述成功的哲学:谁能允许犯错,谁就能获取更多;没有勇气犯错,就不会有创造性。尝试和错误,是进步的前提,也是博得人尊重和赏识的素质。

一位绅士到街角的裁缝店修改衬衫,想改一改袖子的长度。这是一件很简单的活,师傅交代给学徒一年有余的伙计来做。这位小伙子很热情,认真地按照绅士的要求改着衬衫。不料,他拿着剪刀的手不小心划了一下,在衬衫上划了一个洞。

小伙子很紧张,生怕绅士发现没法交代。不过,绅士并没有看到这一幕,还在悠然自得地坐在那里看报纸。小伙子悻悻地走到师傅面前,把事情如实相告,师傅责骂起了小伙子,这引起了绅士的注意,他方才得知自己的衬衫被划破了。

师傅连忙给绅士道歉,绅士可惜地摇了摇头,说:"哎,我很喜欢这件衬衫的质地,所以才想改一下继续穿的。现在,既然已经破了,那就算了吧。他毕竟只是一个小学徒,不要太难为他,这件衬衫我不要了。劳烦老师傅动手,再帮我做一件吧!"

师傅连忙让小徒弟向绅士道歉,并感谢对方不予追究的气度。小伙子很尴尬,为自己的失手而愧疚,他忐忑地对绅士说:"先生,我为自己的失误向您道歉,不知您能否再给我一次机会?我最近在学习绣工,也许我能想想办法挽救一下这件衬衫,您给我一点时间好吗?"

绅士觉得,这小伙子挺真诚的,反正已经是一件破了的衬衫,就让他试验一下吧!绅士答应,三天以后过来取衬衫,看看他能修补成什么样子。

再次来到裁缝店时,绅士惊呆了,他看到的是一件完好的衬衫,袖子上绣着精美的刀剑图案，丝毫看不出有过破损。刺绣的存在，也让衬衫别具一格。绅士很欣赏小伙子的手艺，赏了他一笔钱，还对老师傅说："您这个徒弟很有胆量，也挺有骨气的，以后就让他专门为我裁衣服吧！我很欣赏他。"

承认错误的结果，没那么糟糕，也没那么可怕，它显现出的是一种修养，一份勇气。在这种诚恳的姿态下，振振有词的辩解，才显得小气和懦弱，越是强调自己没错，越会让人觉得你在推卸责任，掩盖自己的失误。错就错了，人非圣贤孰能无过？只有去承担，拿出自己的诚意，才能让人尊敬你、信任你。

社会学家戴维斯说过："放弃了自己对社会的责任，就意味着放弃了自身在这个社会中更好的生存机会。放弃承担责任，或者蔑视自身的责任，这就等于在可以自由通行的路上自设路障，摔跤绊倒的也只能是自己。"

一个人如果没有责任感，没有担当的勇气和能力，他失去的不仅是别人对他的信任，更重要的是失去别人对他的尊重和认可。想成为一名出色的、值得信任的员工，犯了错误的时候就不要找任何借口，不要作任何解释，坦白地承认："是我的错！"当你学会勇敢地承认错误时，你就又多了一项担当大任的资本。

当然，除了承认错误以外，还要分析错误的原因，付诸行动去纠正错误。如此，不仅能让上司看到你的坦诚，还能让他看到你处理问题、改正错误的能力。每一个优秀的人，都是在错误中成长起来的，承认错误，改正错误，本身就是一种进步。

关键时刻，挺身而出

几年前，我在一家连锁餐厅吃饭时，目睹了这样一件事：

正值午餐时间，店里的人很多。邻桌的一位顾客，在吃了一份快餐后，突然倒地，四肢抽搐，口吐白沫。与顾客一起的朋友急坏了，指责餐厅的食物有问题，其他顾客也惊慌失措，害怕自己也会食物中毒，还有人打电话通知报社和电视台。

顾客的朋友情绪已经失控，指责餐厅的经理失职，声称一定让他们负责到底。经理的处境很是尴尬，周围的人不时地拿出手机拍照。在问题还没有弄清楚前，如果大家误传食物中毒的消息在网上引起公众效应，很可能会给整个餐厅带来危机。

关键时刻，一位年轻的女店员，一方面让同事打急救电话，一方面竭力安抚其他担心中毒的顾客，她说："大家不要惊慌，我们店里的食物都是经过严格检验的。"很多人并不相信，甚至有顾客试图吐出食物。情绪激愤的人质问女店员："要是食物中毒的话，你负得起这个责任吗？"此时，待在旁边的同事拉拉她的衣角，提醒她别这么急着下结论。

即便如此，女店员还是坚持自己的说法，她告诉大家，食物绝对没有问题！说着，还当众吃下了很多饭菜，防止谣言扩散。她安慰患病顾客的朋友，急救车马上就来了，并让大家不要妄自猜测，耐心等待医生的诊断结果。这样一来，餐厅里的人果然不如开始那般激动了。

十分钟后，急救车来了。经验丰富的医生告诉大家，那位顾客是典型的癫痫症状，大家尽可放心，不是食物中毒。此时，报社和电视台的记者也来了，开始向餐厅的工作人员提出一些刁钻的问题。年轻的女店员很机灵，把事情的来龙去脉解释了一番，并带领记者到餐厅的后厨，详细地介绍了餐厅的卫生措施，趁机给餐厅做了一次免费广告。

最后，一场虚惊向灾难的演化就这样被制止了。女店员不仅为经理解了围，也保护了全体店员的荣誉和利益，更为餐厅避免了一次大的公关危机。

时隔几个月后，我再到那家餐厅去时，没有再见到那位女店员的身影。据女店员的同事说，她被调到集团公司任职了。

疾风知劲草，烈火见真金。什么样的员工最有责任心，最有魄力和担当？这往往都是在某项工作陷入困境的时刻体现出来的。就像餐厅里突然发生顾客病倒事件时，只有这位年轻的女店员敢站出来为领导解围、为公司说话，尽最大努力去解释和协调。如果所有人都置身事外，任由经理被一群顾客和记者围攻，在这样的时候，一句话说得不恰当，就有可能把餐厅推向深渊。女店员的机智聪敏，巧妙地转移了记者的注意力，也趁机当众澄清了公司的卫生安全工作做得很好，不怕曝光，一下子就堵住了悠悠之口。

想成为一名优秀员工，深得公司领导的赏识，必须具备与公司荣辱与共的意识，发自内心地重视公司的荣誉和利益。表面上看，你的努力担当是为了公司或老板，可实际上你也是在为自己的生存和前途积累资本。你所期望的晋升加薪、人格提升、地位声望，无一不是努力工作、真心付出的附属品。

什么样的员工才称得上"骨干"？

对于这个问题，我听到的最好的回答是一位企业家的说法："日常工作能看出来，关键时刻能站出来，利益面前能让出来，危险关头能豁出来！"

认真踏实地完成日常工作，并不是一件太难的事，可要做到在关键时刻站出来、在危险关头能豁出来，实在不易。承担责任是有层次之分的：能够按照规定的要求完成任务，这是最基本的担当；而最高层次的担当，则是在组织陷入困境时挺身而出，为了组织利益甘愿牺牲自我，这是很不容易的。

庆幸的是，在多数人能推则推、能退则退的时候，还是会有勇敢的人在关键时刻站出来，积极地面对问题。在这个过程中，他要承受经济、名誉上的压力，还有诸多的阻碍，可如果他经受住了考验，与企业和老板一起渡过了难关，他的人生就会与那些后退的人截然不同。

张某是一位广告界知名经理人，十几年前进入现在的广告公司工作。他的老板是一位很有头脑的企业家，为人亲和、做事认真，张某当时很敬佩老板的为人与能力，一心想跟着他做出点名堂。

张某在公司里做得不错，深得老板赏识，看着公司的实力愈来愈强，他打心眼儿里高兴。老板待他也不薄，给他连涨了几次工资，这也让张某坚定了要长期追随老板的决心。

可是，就在他入职的第三年，由于公司承接了一个耗资巨大的项目，将所有的资金都垫付了，导致了资金无法正常运转。在这种情况下，老板不得不宣布暂时停发工资，宣布改到下个月一起发。为了打消员工的疑虑，老板特意强调："这是暂时的，下个月资金周转开了，一定会及时发给大家的。"

当时，所有的员工都相信老板说的是实话，也没什么异议。

随着这个大项目的运作，资金缺口越来越大，公司很快陷入停滞状态，不仅员工的工资发不出来，就连日常开支也难以应对。不少员工提出了辞职，勉强留下的也是人心涣散，没有拿到工资的人都堵在老板的办公室门口。张某从未想过离开，他相信问题总会有解决的办法，尽管当时有其他公司开出高薪聘请他，但是他说："我不会抛弃现在的公司，只要它没倒闭，我就会待在这里。"

后来，公司在老板的一位挚友的帮助下，终于摆脱了困境，而那个投入巨资的项目，也获得了不菲的收益。张某被提拔为副经理，现已是业界颇有声誉的广告经理人。

张某能够有今天的成就，一方面源自他的才能，另一方面也源自他的担当。在公司遇到危难的时候，他没有临阵脱逃，而是坚定地选择了和老板一起扛！这样的员工，有哪个老板不喜欢呢？

没有一家企业的生存发展是顺利的，我们所熟悉的那些知名企业，像海尔、华为、联通等，它们都曾一度陷入困境。每一次困境就像一把筛子，筛掉那些急功近利、目光短浅的员工，留下的都是有责任心、有担当的精英。

现代的就业环境是开放式的，找一份工作并不难。但是，如果你没有与公司共命运、共承担的精神，没有在关键时刻挺身而出的勇气和能力，那么无论走到哪个企业，都不可能有长久的发展。市场是变化的，危机与机遇常常是捆绑在一起的，你不能陪企业度过最黑暗的时光，也就无法享受企业成功时闪耀的光芒。

越是困难的时候，越是考验一个人道德观和价值观的时候，选择甘苦与共还是落井下石，全在一念之间。但，就是这一念，往往决定着你的人生和未来。

时刻保持一颗责任心

如果你足够细心的话，你会从那些出色的工作者身上发现一个共性：无论环境好坏，无论能力高低，无论任务难易，只要是与企业有关的一切事务，他们都乐意去承揽、去解决，绝不会因为怕担责任而拒绝，或是逃避。

对工作的热爱，不是两三天的新鲜劲儿，也不是靠高薪来维持，而是时时刻刻把责任装在心里，无论是否有人提醒告知，都会铭记一点：这是我的工作，这是我的责任！

20多年前，我国有一个代表团到韩国洽谈商务。代表团先导的车开得比较快，为了等后面的车队，就停在了高速公路口的一个临时停车场。突然，一辆现代跑车停在了旁边，下来一对韩国夫妇，他们询问：先导是不是车子坏了？需不需要他们的帮助？

这样的情景让先导很感动，但同时也很纳闷：他与这对韩国夫妇只是陌路，他们为何如此热情？后来，先导才知道，原来这对年轻的韩国夫妇是现代汽车集团的员工，而先导所开的车正是现代生产的。

回忆起这件事，代表团的工作人员感慨良多："这对韩国夫妇开着跑车，也许是去度假，也许是去处理其他的事情，但无论去哪儿，显然都是在非工作时间、非工作场地，就因为我们停靠在路边的车是他们公司生产的，就对一个与自己工作职责没有任何关系的问题给予高度的关注。显然，他们已经把与公司有关的任何问题都当成了自己的问题，这种对工作的热爱、对工作的责任心，着实令人感动和尊敬。"

其他企业中也不乏有责任感之人，但与韩国现代汽车公司的那两位员工相比，许多人的责任心是分时间和地点的：在工作时，在公司里，甚至是在老板或上司的监督之下。下班时间一到，立刻收拾东西离开；走出办公室大门的那一刻，工作就完全被抛在了脑后。更有甚者，对工作的热情完全是在表演，一旦领导离开了视线，就会松懈下来、敷衍应付。

这样的员工，并不是真的热爱工作，心里也没有"责任"二字。说到底，我们每个人都是在为自己工作，而不是为上司、为老板工作。真正的负责，是不管什么时间、什么地点、领导在与不在，都把公司的事当成自己的事，始终如一。

某著名导演曾经讲过这样一件事：有个农村的孩子，从小生长在矿区。他的父亲是从事高危工作的矿工。由于家境不好，读初中时他就背井离乡，到台北半工半读，甚至一度因为没有钱缴纳学费而被迫中途休学。

为了维持生计，他曾在一间牙科诊所找到了一份打扫卫生的工作。诊所里的医生和护士发现，这个孩子很特别，患者前脚刚走，他后脚就拿着拖把来擦地，一天下来，不知道要擦多少次。见他如此辛苦，一位好心的医生提醒他："地板一天拖一次就行了，不用一直拖。"谁料，这孩子却说："诊所铺的是磨石子地板，人走过去就会留下脚印，所以我要不停地擦。"

其实，地板上的脚印并不明显，他完全可以不那么做。诊所里的人都很敬佩他认真的态度，尽管他做的只是打扫卫生而已。

后来，这个孩子的人生也并非一帆风顺，但他始终保持着当年"擦地板"的精神，无论做什么事情都把责任放在心里。若干年后，这个孩子成了一名导演，并逐渐有了声名。

故事讲到这里，所有人才恍然大悟：原来这是那位名导的亲身经历。通过自己的故事，他告诉所有人："尽管你现在可能只是个端盘子的服务生、洗车的工人，但你要尊敬你的工作。任何时候，都要对你的工作负责。"

我曾参观过一家外企的机器制造厂，并在那里目睹了这样一件事：

一个年轻的小伙子，在偌大的车间里认真地捡小零件，身边的同事不停地催促他："你走不走呀？天天费这个劲干吗？工作了一天这么累，还捡这玩意儿干吗？都是没用的东西。再说了，你帮公司捡，公司也不给你钱。弄不好，还会落得一个出力不讨好的下场，有些人说话可难听了。"小伙子笑笑，让同事先走，继续捡他的零件。

这一幕，刚好被我和车间的负责人看到。领导问他："别人都下班了，你怎么不走？捡这些没用的小零件做什么呢？"

小伙子说："大家都习惯把这些小零件到处乱扔，不收拾一下车间就太乱了。况且，我觉得一个零件就是一个硬币，扔了怪可惜的，要是都积攒起来，也不少呢！"车间领导点点头，大概是因为当着我的面，并未多说什么。那个小伙子，也继续安静地捡他的零件。

几个月后，我再次和该企业的车间领导碰面。席间，他跟我提起了数月前在车间里捡零件的小伙子，问我还有印象吗？我说印象很深刻。他告诉我，最近车间里要选拔一位副手，他正打算提拔这个小伙子。

我想，换成我是车间的领导，也会重用这位年轻人。当别人休息的时候，他在车间里捡别人乱丢的零件，不是为了酬劳，也不是为了作秀，只是出于对工作的认真和负责，对企业的忠诚与热爱。

其实，工作这件事是很公平的，它总是会给愿意付出的人丰厚的回报，无论是职位还是薪水。无论你从事什么工作，身在什么岗位，只要你时刻揣着一颗责任心，就会产生改变一切的力量，在付出的过程中积累经验、赢得赏识，拥有更丰盛的收获。

抗住压力才能担起重任

一家航空公司招聘的职位是客服和地勤,这对年轻女孩的吸引力很大,面试者排起了长队。每位应试者都具备口语能力,体貌条件也不错。

一个国际经济贸易专业的女孩,用流利的英语做了自我介绍,对招聘者提出的问题也对答如流。最后,该公司的人力资源总监问她:"你过去遇到的感觉最不公平的事情是什么?你是如何处理的?"女孩想了想,讲到自己在大二时,原本有机会参加一次竞赛,可由于另一位同学有关系,顶替了她的名额。说起这件事,她的情绪很激动,觉得自己很委屈、很无辜。

招聘方点了点头,让女孩回去等通知。事后,她没有被录用。招聘负责人认为,这个女孩综合素质不错,大家原本都很看好她,可在最后的测试中,她暴露了自己的弱点:抗压能力差。那件事情都已经过去了两年多,她说起来还如此激动,可见她在面对挫折时的态度不够积极。毕竟,航空公司的客服和地勤,经常会遇到一些刁钻刻薄的客户,如果心理承受能力太差,是很难胜任这份工作的。

为什么现代企业一再把抗压能力视为面试中的重点？某银行的一位负责人坦言："员工能否扛得住压力，直接决定着他能否胜任高强度的工作，以及在遇到糟糕的情况时能否以良好的心态去处理。近年来面试过不少毕业生，总强调舒适度，性格比较浮躁，受点委屈就会变得很极端。这样的人，来到公司没几天，就可能因为这样那样的问题而辞职。"

有一种职场进化论，认为：新员工是鱼，很多特征都还没有发育，离水就活不了；等受到刺激，鳍变成四肢，鱼进化成两栖类，等于是当上干部，活动范围变大了；继续多一点努力与付出，帮自己找到更多能力，就进化成哺乳类动物，像经理可以不受气候影响自由迁徙；若要成为独当一面的领导者，就需要更多付出，那就会再进化为人类，成为万物之王。

现实就是这样，你比旁人多付出2%的认真、热忱、自信、积极，能多接受2%的压力，当别人崩溃、放弃、认输的时候，你挺住了，你就可能迈上一个新的台阶，展示你的独特魅力。千万不要盲目地夸大压力，这不过是自己吓唬自己，甚至是打击自己罢了。

有的员工做错了事，遭到了上司的批评，原本是再平常不过的事，可他却觉得自己从此再没有出头之日了，认定上司今后不会再重用自己，结果心神不宁，错误越来越多，以致情绪大跌，结果真的遭到了解雇。

很多时候，我们认为压力是外部环境施加的，一旦碰到不顺心的事，就会怨怼周围的人和事，把所有的负面情绪都转移到外部环境上。事实上，我们所感受到的压力恰恰来自自己，是思想对压力的认知和相应的反应。换言之，你所经历或将要经历的每一件事都可能对你产生压力，因为你已经把它看作压力或认为它具有压力；如果你不认为它具有压力，那么任何事都不会对你产生压力。所以说，抗压能力不只是单纯地承受压力，更重要的是化解压力。

那么，如何来缓解和消除职场压力？

1. 保持积极的心态

良好的心态是对压力进行自我调适的最好环境。你必须承认，一个人无法完全掌控和改变工作中的所有事情，有些事你可以做得很出色，但有些事遇到了意外情况，也难免不尽如人意。况且，职场中还有很多问题是无法避免或是在短期内无法排除的，如竞争激烈、经济危机、公司兼并等。面对这些问题，必须得有一个积极的心态，一旦发生了不要怨天尤人，要乐观地接受和面对。

2. 培养对工作的兴趣

人只有做自己喜欢的、感兴趣的事，才愿意投入更多的时间和精力，这种愉悦的感受往往会冲淡辛苦和压力。

3. 摸索有效的工作方式

很多时候，不熟悉工作流程、处处受阻、效率低下，往往会打击人的积极性。所以，在做事时要多动脑，找寻最有效的、最适合自己的工作方式，提高自己的业务能力。工作有了业绩，得到了周围人的认可，也能提升自信心和抗压能力。

4. 改善工作条件和环境

如果工作压力是由于工作环境不利、工作任务繁重导致的，一定要跟领导反馈，要求重新调整工作任务，切不可勉强自己，因为这样一来会严重影响身心健康，二来也难以做出成绩。勉强的结果，往往不能改变现状，反而会让情况越来越糟。

如果工作压力是由于自身能力不足，或者不适合自己独立完成，也可以跟领导沟通，安排他人协助完成或是另作调整。强迫自己做不能做、不适合做的事，痛苦的是自己，耽误的是效益。

当你面对职场压力，能够做到举重若轻、收放自如时，那么每一个困难、每一个压力都会成为你进步的阶梯，而你也会在蜕变的同时给老板留下敢于承担、能堪大任的印象。

让问题到"我"为止

> 每一个人都应该有这样的信心:人所能负的责任,我必能负;人所不能负的责任,我亦能负。如此,你才能磨炼自己,求得更高的知识而进入更高的境界。
>
> ——林肯

美国第 33 任总统杜鲁门,是美国 20 世纪唯一一个没有读过大学的总统,但他的学识和智慧却不逊色于任何人。他在白宫任职时,椭圆形的总统办公厅的书桌上,一直摆放着这一句座右铭:The bucks stop here,意即"水桶到此为止"。

杜鲁门推崇这句箴言,其实是有典故的。英国人刚踏上美洲的时候,有一个传统:如果水源离生活区有一段距离,大家就会排成队,以传递水桶的方式把水运到生活区来。后来,这句话的意思被引申,就成了"把麻烦传给别人",意指推诿。

作为一个有担当的人,杜鲁门自然很不屑于这样的处事作风,他贴上这样一张字条,是在提醒自己和周围的人:当问题发生的时候,不要试图去找替罪羊,要积极地寻找解决之道，让问题到自己为止。

现代的职场人，也当具备"有担当，负责任"的态度，拿出一种"迎难而上，不达目的不罢休"的钉子精神。困难来了，麻烦来了，不要总想着逃避推脱，你推我、我推你只会让困局变得更棘手。只有拿出突破困境的勇气，扛起一份沉重的责任，才有可能在压力中释放潜能，在庸碌的人群中凸显不俗。

一家做直销品的公司，产品质量很好，销路也不错，唯独经营方面缺乏经验，时常是产品卖出去了，货款却收不回来。公司的一位大客户，半年前买了10万元的产品，但总以各种理由推脱着不肯付款。

对这样的情况，公司只好不停地派业务员去追账。第一次，是业务员A去的，碰了一鼻子灰，客户没给他好脸色，说产品销量一般，搞不好还得退一部分的货，让A过一段时间再来。A知道这位大客户很重要，心想着：反正也不是欠我的钱，公司也不缺这点钱，过段时间再联系吧！

看到A无功而返，公司又派业务员B去讨账。情形和第一次差不多，客户的态度依然是不配合，但没有开始时那么理直气壮了，而是委婉地告知，这段时间资金周转困难，希望能得到理解，说等资金到位了一定还钱。见对方都这样说了，B也不好意思死缠烂打，只好暂时作罢，回了公司。

无奈之下，公司只好再派业务员C去讨账。C比较倒霉，前两位业务员刚刚催过客户，他这么快又出现，客户有些生气了，刚见面C就被指桑骂槐地训斥了一通，说公司三番两次来逼账，摆明了就是不信任他，这样的话以后就没法合作了。

C是一个沉稳的人，没有被客户的软捏硬逼吓退，而是见招拆招，想办法与之周旋。客户知道磨不过这位不愠不火的业务员，只好同意给钱，当即开出一张10万元的支票给对方。C很高兴，以为大功告成了，却没想到，到了银行取钱时被告知，账户只有 99910 元，对方耍了一个花招，故意给出一张无法兑现的支票。

眼见就要到年底了，若还不能及时结款，又不知道要拖到什么时候，怎么办呢？碰到这样的情况，很多人可能会拿着一张空支票，到老板那里诉说对方的不靠谱，但 C 没有那么做，他知道此时此刻，说什么都没有用，想办法拿到货款才是正经事。既然出了问题，就不该再把问题带回公司，尽量让它到自己为止。

突然间，C 想到了一个点子。他自己拿出 100 元钱，把钱存到客户公司的账户，这样一来，账户里就有了 10 万元，他立即将支票兑了现。这件棘手的事情，总算圆满地解决了。

什么叫有担当？业务员 C 的行为，就凸显着这种精神。遇到困难的时候，没有像前两位同事一样，把问题带给老板，或是转交给其他同事，而是竭尽全力地去想办法，他不觉得这是公司的事，而是将其视为自己的责任。

现实中，我们经常看到的是什么样的态度呢？碰到问题就找借口，说真的是没办法，所有办法都用过了，还是不行！三个字"没办法"，就成了不用继续努力的最佳理由。其实，是真的没有办法吗？非也！办法不是等出来的，而是想出来的，未曾好好动脑筋去想，自然不可能有办法。

卡内基曾经在宾夕法尼亚匹兹堡铁道公民事务管理部做小职员。有一天早上，他在上班途中看到一列火车在城外发生意外，情况危急，但此时其他人都还没有上班。一时间，他不知道该怎么办才好，打电话给上司，偏偏又联络不上。

怎么办呢？在这样的情况下，他深知，耽误一分钟，都有可能对铁路公司造成巨大的损失。虽然负责人还没到岗，但也不能眼睁睁地看着。卡内基当即决定，以上司的名义发电报给列车长，要求他根据自己的方案快速处理此事，且在电报上面签了自己的名字。他知道，这么做有违公司的规定，将会受到严厉的惩罚，甚至遭到辞退，但与袖手旁观相比，这样的损失微不足道。

几个小时后，上司来到了办公室，发现卡内基的辞呈，以及他今天处理事故的详细经过。卡内基一直等着被辞退的决定，可一天过去了，两天过去了，上司迟迟没有批准他的辞职请求。卡内基以为上司没有看到自己的辞呈，就在第三天的时候，亲自跑到上司那里说明原委。

"小伙子，你的辞呈我早就看到了，但我觉得没有辞退你的必要。你是一个很负责任的员工，你的所作所为证明了你是一个主动做事的人，对这样的员工，我没有权力也没有意愿辞退。"上司诚恳地对卡内基说了这样一番话。

不把问题留给老板，不把难题推给同事，有一种死磕到底的韧劲儿，这就是职场中最缺乏的钉子精神。对待工作中林林总总的问题，不要幻想着逃避，让问题到"我"为止。

再试一次的勇气

多年前，家里要打一个橱柜，家里有个远方亲戚那时刚刚开始做木匠学徒，热心地说免费帮忙，也试试自己的手艺。大家都知道，木匠是个手艺活，有经验的和当学徒的，自然没法比。那时家里也不富裕，而亲戚又那么主动热情，也就接受了他的好意。

果然，橱柜做出来后，比预想得要差，且不说外观漂亮与否，就连严丝合缝的标准都达不到，一看就会觉得是粗制滥造的。可即便如此，我们还是乐呵呵地接受了。亲戚那时也就20多岁，自己也觉得不好意思，说手艺太差，将就着用吧。

那时候，周围很多人都说，他不适合做木匠，手脚太笨，悟性也不高。可他不管别人怎么说，认准了这一行就坚持做下去。没活儿的时候，他就自己在家琢磨，打个小柜、写字台什么的，一次做不好，就再试一次。

如今，二三十年过去了，这个亲戚已经成了当地有名的木匠，经常自己承包一些装修、定做家具的活。他的手艺，比起给我们做橱柜的时候，有了天壤之别。现在看他做出来的东西，和外面家具店买的没什么区别，无论是样式还是做工，都是一流的。

什么是天才？也许，就是托马斯·爱迪生所说："天才是1%的灵感，加99%的汗水。"这个亲戚就是一个典型的例子，没有所谓的天赋，悟性也不是很高，最初的手艺不被旁人看好，可他在面对质疑的时候，却从没想过放弃，这些年一直坚定地做着木匠活，而手艺也在不断地提升。

想来，做任何事大都如是。刚开始的时候，总会受到一些挫折和质疑，乃至承受失败。可只要不妥协，抱着不断尝试的态度，往往就会迎来转机。

约翰·吉米是美国一家人寿保险公司的推销员，他花了65美元买了一辆脚踏车，四处去拉保险。遗憾的是，始终没做出什么成绩。即便如此，约翰·吉米还是坚持做下去，晚上再累也要写信给白天拜访过的客户，感谢他们接受自己的访问，希望他们为了自己个人的健康投保，字字句句都写得诚恳感人。

可是，任凭约翰·吉米再怎么努力，再怎么辛苦，结果都不尽如人意。两个月过去了，约翰·吉米一个客户也没有，上司催得越来越紧，巨大的压力压在他身上。劳累了一天回来，他经常连晚饭都没心思吃，虽然妻子细心体贴，可一想到明天，他浑身都冒冷汗。关于那时的心情，约翰·吉米曾经在日记里写道：

"从前，我以为一个人只要认真、努力地工作，任何事情都能做好，但是这一次，我错了。因为事实显然并非如此。我辛辛苦苦地跑了68天，却连一个客户都没拉到。也许，保险工作真的不适合我，我应该换一份工作了……"

妻子劝慰他："别急着放弃，坚持下去也许就会有转机了呢！"

吉米听从了妻子的劝告，决定再试一试。约翰·吉米曾经想说服一个小学校长，让他的学生全部投保，可校长对此并不感兴趣，一次次将他拒之门外。现在，他想再登门拜访一下。

第69天，吉米再次出现在校长眼前。他的诚心，感动了对方，校长最终决定，同意全校的学生投保。吉米就这样成功了，拿到了一个大订单。成功的激励给他带来了莫大的鼓舞，此后约翰·吉米更加努力，最终成为美国有名的保险推销员。

现实中抱怨生不逢时、没有机遇的人，有几个一直秉持着"再试一次"的心态？也许，多半都是，考试不过关，干脆就放弃了；电话打不通，干脆就不打了；计划不成功，干脆就转行了；东西修不好，干脆就扔掉了……理由总是没希望，可真相却是，没有勇气和耐心再试一次。

有个青年到微软公司应聘，当时的微软并没有刊登招聘广告。看到总经理疑惑不解，青年用不太娴熟的英语解释说，自己刚巧路过这里，就贸然进来了。总经理觉得挺有意思，就破例让他试一试。面试的结果不太理想，青年表现得很糟糕，他跟总经理说，是自己事先没有准备好，才会出现这样的状况。总经理觉得，这不过是一个托词罢了，就随口说了一句："那就等你准备好了再来试吧！"

按照常人的思维来想，这个人恐怕多半是不会再来了。可是，万万没想到，一周以后，这个青年再次走进了微软公司的大门。不过，这次他还是没有成功，总经理给出的回答和上次一样："等你准备好了再来试。"

知道吗？这个青年真的先后五次踏进微软公司的大门，他根本不介意别人会怎么看，而是一次次地完善，等待被认可，被接受。终于，到了第五次的时候，微软录用了他。

扪心自问，你有没有为了一份心仪的工作，先后去同一家公司面试五次？是不是在一次被拒绝后，就放弃了呢？你有没有为了一位客户，先后去拜访他五次？是不是也在第一次被拒绝后，就将其放进了黑名单？你有没有为了一个职位，先后去争取五次？是不是在一次被否定后，就灰心沮丧甚至想到另谋高就了呢？

要知道，越是追求卓越，需要付出的努力就越多，同时要承受的失败也越多。在这样的时刻，就需要有"再试一次"的决心和胆量，坚持再坚持。一次又一次之后，哪怕你还没有抵达成功的彼岸，你也一定在此过程中得到了提升。工匠精神，是永不言败的精神，是不断追求进步，是敢于接受打磨，在探索中拥抱灿烂和辉煌。

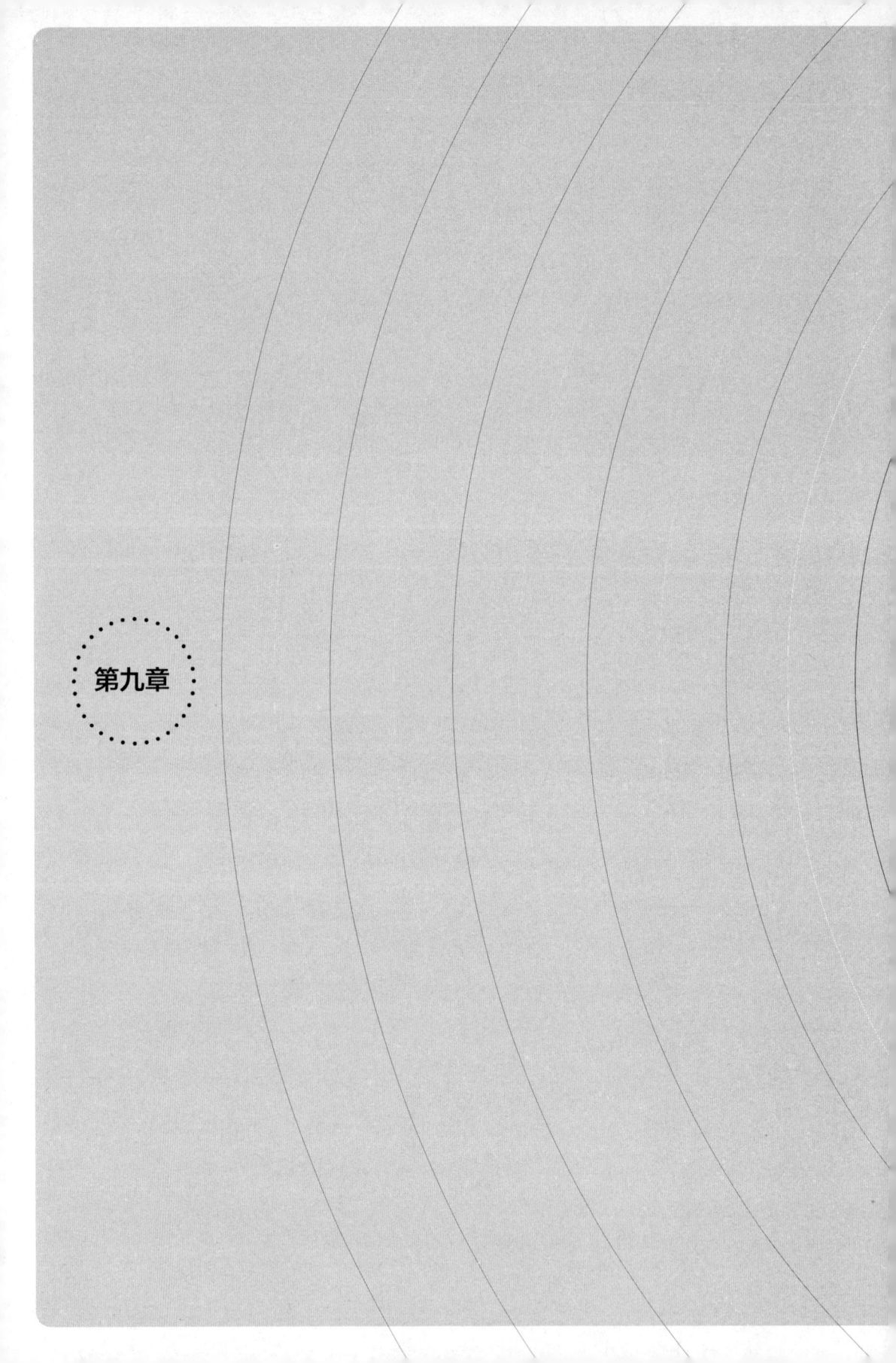

第九章

领导力：
让优秀能"传染"

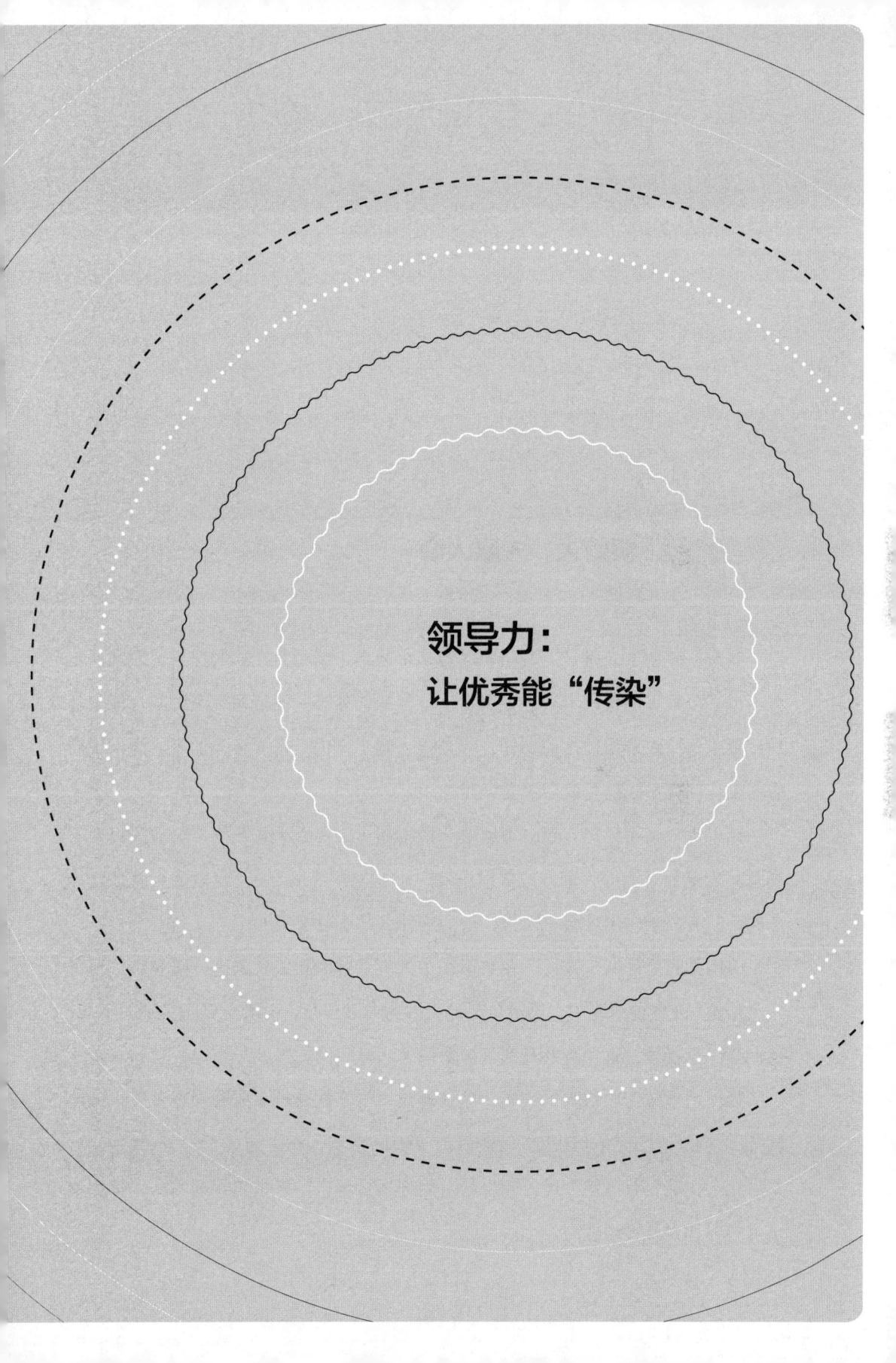

要管人，先赢人心

我有一位朋友，做员工时尽职尽责，永远是一副精力充沛的样子，入职后不久就成了公司里的佼佼者。老板很赏识他，让他独当一面带领一个团队。他上任后，要求每个人都像他之前那样，时刻投入到工作中，每天义务加班，周末也要思考工作，完不成任务就会遭受训斥。

结果呢？闹得天怒人怨，下属要么敷衍糊弄，要么干脆跳槽，对他一百个不满意。当老板对他的管理方式提出质疑时，他也觉得很委屈：我做员工就是这样子的，只有甘于付出才会有回报，他们为什么都不理解呢？

美国学者劳伦斯·彼得，在对组织中人员晋升的相关现象进行研究后，得出一个结论：在各种组织中，很多员工都会因为业绩出色，而接受更高级别的挑战，他们会一直晋升，直到被晋升到一个他们无法称职的位置。

如何来理解这段话呢？其实，这就是说，许多优秀员工成为管理者后，无法胜任工作是一个普遍的现象。管理者所需要的素质，和优秀员工所需要的素质，不尽相同，甚至有些地方还是相反的。当你由管理自己升级为管理团队，都免不了要学习和提升管理能力。

那么，从一名优秀员工晋升到一位管理者，最先要掌握的能力是什么呢？

日本的一位管理学教授曾说："不了解你要管理的对象，你就不可能发挥领导作用。"言外之意，作为管理者，首先要站在下属的立场考虑问题，了解下属在想些什么，之后再采取相应的方式去沟通管理，绝不能用权势和威严盲目地压人。

刚刚晋升为管理者，肩上的担子明显比以前重了，为了不辜负老板的信任，为了带领团队干出业绩，心里免不了会感到紧张和焦急，尤其是看到下属做事不妥当，往往会忍不住斥责，命令对方按照自己的思维行事。原本，一切都只是为了大局，但员工心里却未必会这么想，他可能会觉得你是新官上任三把火，依仗着权势压人，表面服从，内心却与你离心离德。

想要员工发自内心地认可你、服从你、理解你，并能与你同心协力地做出更好的业绩，一定要用指导的方式去管理下属，就事论事，言传身教，点到为止，不伤及任何人的自尊。

成功学家安东尼·罗宾的公司里，有一位名叫乔吉·可辛的中层管理者，他从来不会盲目褒奖或贬低下属，也很少给员工一些"很好""不错"的空头评价，在员工确实做出了成绩时，他会及时并具体地指出这些人对公司的贡献，还会将其业绩公之于众，让所有人都看到他的成绩，给受表扬者带来极大的成就感。

如果员工犯了错误，怎么办？他没有因为自己是成功大师的得力干将，有着被社会广泛认可的身份和地位，就对下属横加指责，用权势来压制他们。更多的时候，他会晓之以理、动之以情，用柔和的管理方式去跟员工沟通。

为了提升公司的凝聚力，乔吉·可辛经常会给下属们讲安东尼·罗宾的故事。在具体的工作中，他总是身体力行，积极地带领团队开展工作，以"一个人"的形象体现出无比团结的工作效率。他的这种管理方式，有效地激励着员工们奉献出自己的全部。

一个真正优秀的管理者，之所以能得到下属的拥护与支持，并不是他们时时刻刻将自己摆在领导者的位置，对他人随意批评指责，而是懂得与下属换位思考，知道如何尊重他们。

一位成功的企业家，在谈到管理经验时，诚恳地说："管理的根本在于人，只有把人管好了，才能很好地利用人来做事。同时，把自己的人培训好，也是一项重要的管理艺术。"在具体的工作中，他总是告诉公司里的中层管理者，要放下自己的优越感，离开办公室到员工中间去，认识、了解每一位员工，听听他们的意见，调整部分的工作，让员工在一个轻松、透明的工作环境中做事，让他们时刻感觉到自己身处在一个团队里。

单纯地去"领导"下属，只会给人留下死板、没人情味的印象，只有变"领导"为"指导"，才更容易赢得人心。指导性的管理，意味着不摆架子、不利用权势强迫员工接受自己的思维方式，允许他们提出自己的看法，给予他们充分的信任，不任意干涉他们的行为方式。

你要相信，行动比指挥更有说服力，身教比言传更有效。只有尊重员工的中层领导，才能在部门管理中取得主动权，将下属凝聚成一个战无不胜的团队，成为公司最有力的拳头。

一诺千金值千金

一个人若没有诚信，就很难融入企业，也很难赢得别人的尊重与赏识。职场无小事，必须重视自己说的每句话，它们都是在建造个人的信誉大厦，哪怕只有两三块砖不合格，都可能导致大厦倾倒。

曾经有人问史玉柱："你认为在领导者的素质中，哪一样最重要？"

史玉柱说："说到做到！只要你承诺了，几月几日几点钟做完，你一定要做完。完不成，不管什么理由，一定会遭到处罚。往往越没本事的人，找理由的本事就越高。我们干脆不问什么原因了，你部门的事你就得承担责任，不用解释。所以现在大家都说实话，不搞浮夸了。员工做出的承诺一定要兑现，一定要让他说到做到，做不到你也要想方设法帮他做到。一个成功的企业必须要有这个作风。"

说到做到，这就是讲诚信最基本的体现！史玉柱是这样要求自己的，也用这种品行影响了他的员工，营造出了一个良好的企业氛围。其实，不只是史玉柱，几乎所有的企业领导，都十分看重诚信。

李嘉诚对诚信的感悟是："人一生中，最重要的就是守信，就算我现在有再多的资金也不足以应付那么多的生意,而且很多是别人主动找上门来的,这些都是为人守信的结果。作为一个企业家,要使自己的企业品牌得到社会的信赖,就要对顾客讲信誉,尽力为顾客提供质量最好的产品。"日本企业家吉田忠雄在回顾自己的创业经历时也说过:"为人处世首先要讲求诚实,以诚待人才会赢得别人的信任,离开这一点,一切都成了无根之花,无本之木。"

想要取得他人的信赖,我们要对自己做出的承诺负责,对自认为做不到的事情不要轻易许诺。尤其是在工作中,要提高兑现承诺的能力,如果说了就一定要做到。

1835年,摩根先生成了伊特纳保险公司的股东。这家公司的规定很有特点,无须拿出现金,只要在股东名册上签名就能成为股东,这很符合摩根先生没有现金却能获益的设想。

然而,很快,一位投保客户发生了火灾。依照要求,如果完全付清赔偿金,保险公司就会破产,股东们很惊慌,纷纷要求退股。摩根先生考虑再三,认为信誉比金钱更重要,他四处筹款,不惜卖掉自己的房子,低价收购了要求退股股东的股份。之后,他把赔偿金如数付给了投保的客户。这件事情的发生,验证了伊特纳保险公司的信誉。

身无分文的摩根先生,成了保险公司的所有者,可此时的保险公司已经濒临破产。无奈之中,他打了一则广告:凡是再到伊特纳保险公司投保的客户,保险金一律加倍收取。不料,客户很快蜂拥而至,因为在很多人心中,伊特纳保险公司是最讲信誉的保险公司,这让它比许多有名的大保险公司更受欢迎。从此,伊特纳保险公司崛起了。

多年后,摩根先生的公司已经成为华尔街的主宰者,而他也成了美国亿万富翁摩根家庭的创始人。

什么是一诺千金？摩根先生的所作所为，就是最好的诠释。承诺无小事，轻诺必寡信。恪守承诺是每个人的生存之本，立业之基。个人诚信品质是靠一点一滴积累起来的，仅仅依赖一次行动无济于事。有时，哪怕你只是轻视了一个很小的承诺，都有可能成为失信的人。

一个人不会因为谨慎承诺而显得无能，却可能因为说了不做而显得不可信。只有慎重承诺，勇于为承诺负责，说到做到，才能成为值得信赖的人。

人品是看不见的竞争力

看到招聘网上有心仪的企业和职位，很多求职者心里都会思考：要顺利应聘这个职位，需要什么样的学历，什么样的技能？然后，思索自己身上的优势，衡量能否脱颖而出。

站在招聘者的立场，特别是企业的领导者，他们在招聘时势必也会考虑到上述因素，并通过一系列的笔试、问答来考核应聘者的能力。然而，这些测试并不能决定结果，现实中不少能力出众的人最终并没有被录取，而能力一般的人却脱颖而出，为什么会这样？

某公司的 HR 总监给出的回答是："一个人品行不好，即使有天大的才能，也不可能为公司创造福利，甚至会威胁公司的发展；一个品行高尚的人，即使没有过人的才华，也一定能撑起一片天地。人品，是看不见的竞争力。"

一位年轻有为的企业家，被电视台邀请作为某栏目的嘉宾。当节目接近尾声的时候，按照惯例，主持人提出了最后的一个问题："你认为事业成功最关键的因素是什么？"他沉思了片刻，没有直接回答主持人的问题，而是平静地讲述了一个故事：

十年前，有个小伙子来到英国，开始了半工半读的留学生活。渐渐地，他发现当地的车站几乎都是开放式的，不设检票口，也没有检票员，就连随机性的抽查都没有。凭借自己的聪明才智，他精确地估算了逃票而被查到的比例大约只有万分之三，他为自己的发现沾沾自喜。自那以后，他就经常逃票，还找到了一个安慰自己的理由：我是一个穷学生，能省点儿是点儿。

四年过去了，小伙子拿到了名牌大学的毕业证书。他对自己的前途充满了信心，开始频频地进入伦敦一些公司的大门，踌躇满志地推销自己。然而，结局是他没有想到的……

这些公司对他的态度很相似，起初热情有加，在面试时屡屡暗示他将会被录用。可数日之后，接到的电话却是婉言相拒。他想不通为什么，最后决定写一封恳切的邮件，给其中一家公司的人力资源部经理，恳请他告知不予录用的原因。

当天晚上，他收到了回复："先生，我们很欣赏您的才华，可当我们调阅了您的信用记录后，发现您有乘车逃票的记载，我们认为此事至少证明了两点：第一，您不尊重规则；第二，您不值得信任。鉴于以上原因，本公司不敢冒昧地录用您，请谅解。"

此时，他才如梦初醒。在邮件的最后，对方摘录了一句话，正是这句话让他产生了一语惊人的感受："品德常常能弥补智慧的缺陷，但智慧永远填补不了品德的空白。"第二天，他就起程回国了。

故事讲完后，现场一片寂静。主持人有点困惑，问道："这能说明您的成功之道吗？"

"能，因为这个年轻人就是曾经的我。"他坦诚地说，"一个人想要成功，不仅要靠智慧，还要靠品德。"现场顿时掌声如雷。

依靠聪明才智，可能会在某方面做出一些成就，可若品德不过关，得到的迟早会失去，甚至会失去更多。

职场中向来不缺少聪明人，而是缺少德才兼备的人。许多人都只知道，善于交际、能说会道的人往往更容易被提拔，却忘了展示这些能力的前提是，你必须是真诚的、正直的。少了品行做根基的言辞，说得再好，都会给人以虚假的感觉。

一位私企老板在谈及用人之道时说："能力稍弱一点没关系，可以培养，可若品行有问题，那就无可救药了。如果一个员工不孝顺父母，同等条件下，我肯定是不会用的。你想啊，这个世界上，还有谁比他的父母更重要？对父母薄情寡义的人，你如何要求他能融入团队，以公司的利益为大？"

换位思考，确实是这样。如果你是企业的领导，看着那些天天想着如何挖公司墙角、搞小动作破坏团结、当面一套背后一套的人，你敢相信他吗？你会任用他吗？从某种意义上来说，当一个人的人品存在问题时，他的能力越强，反作用就越大。这就如同深水炸弹，你不知道什么时候会引爆，可一旦引爆了，就可能带来致命的危机。

这个世界到处都是有才华却穷困潦倒的人，想获得成功，不仅要有超强的能力，还要有品德。只有德才兼备，才能走得更远。

亲和力——职场上的软实力

哈佛商学院的蒂奇亚纳·卡罗夏和杜克大学的索萨·洛沃在对多种职场关系进行分析后总结道:"大多数人宁愿与讨人喜欢的傻瓜一起工作,也不想和有本事的讨厌鬼共事。"

这说明什么?没有亲和力,就很难在职场上有立足之地!我想,大家在生活中可能都有过这样的经历和感受:去应聘销售、公关或是行政等职位时,招聘者在考虑本职工作的能力之外,通常都会提到亲和力,甚至还会借助一些考题来测试应聘者是否具备这方面的能力。

工作有30%是处理事情,剩余的70%都是在与人沟通协作。在这一系列的过程中,没有什么比亲和的态度更重要了。有亲和力的员工,很容易让同事、老板、客户产生亲近感,消除人与人之间的隔膜,拉近彼此的距离。

某单位的招生计划跑了很长时间都没批下来,几位同事公关回来都是愁眉苦脸,抱怨计划处的门难进,脸难看,事难办。可工作再难也总得有人去做,处长决定,让新来的田秘书去试试。

田秘书是机灵的女孩，性格活泼，从来到单位那天起就一直是一张甜甜的笑脸，逢人三分笑，她留给大家印象很不错。果然，田秘书出去了3个小时，回来就把批复交给了处长。

处长拿着批文，合不拢嘴，不停地夸奖说："还是小田有能力啊！"同事们纷纷围上来，问田秘书用了什么绝招。田秘书笑呵呵地说："哪儿有什么绝招啊！要说招数，那就是没人会拒绝一张具有亲和力的笑脸。"

处长听到他们的议论，也忍不住说话了："老话常说，伸手不打笑脸人。不管是性格冷漠的人，还是心情不好的人，看着一张笑脸，也会被感染。心情好了，话匣子就打开了，事情也就好办了。"

亲和力，是一种不受职位、权威等约束而真挚流露出的一种情感力量，也是一种为人处世的软实力。从心理学上来说，人都有害怕被拒绝的天性，如果一个人总是面带笑意，和和气气，就会带给别人安全感，使人减小心理压力，人们就会愿意与之接触。需要注意的是，亲和力不是嘴上的花言巧语，虚情假意的表演只会招来反感和唾弃，亲和的本质是友善与真诚，你发自内心地替人着想，令人感受到亲情般的温暖，自然就能博得人心。

在人际关系微妙的职场里，缺乏亲和力和周围人的支持，即便个人能力很强，也会埋没在人群中。这样的人，是很难在职场中有所建树的。如果你想深受同事和领导的欢迎，在工作中如鱼得水，那就一定要有效地利用心理学上的"自己人效应"。记住：亲和力不仅是一种魅力，更是一种实力！

在激烈的职场竞争中胜出，绝非易事，但还有比这更难的，就是能在想要的位置上牢牢地坐稳。我在工作中见过许多这样的事例：有些员工靠着出色的工作能力顺利坐到了中层领导的位子，心里不免产生了优越感，摆出一副高高在上的架子，借助职务的权力对下属指指点点，说话做事透着一股子傲慢。结果，个人的行事作风直接影响了下属的士气，整个团队的业绩都开始下降，个人的工作能力遭到质疑，最后不是主动离职就是被动降职。

日本的松下幸之助先生就是一位很有亲和力的领导者，他经常走到员工中间去，亲切地跟他们聊天，了解他们对工作的想法，在生活上有什么困难，还时不时地鼓励他们，完全没有高高在上的架子。

有一次，松下幸之助独自外出旅行，但没过多久就回来了。员工们都很奇怪，有人就去追问原因。松下幸之助略带失望地说："你们都不在，我一个人去玩也没意思。"紧接着，他就安排几名工人在工厂中央摆了一个大玻璃箱，里面放了一只巨大的短吻鳄。看到这样的景象，员工们都惊呆了！

松下幸之助笑着问大家："怎么样？这个家伙好玩吧？"当时，如此巨大的短吻鳄是很罕见的。员工们在惊愕之余，都觉得新鲜刺激，现场的气氛非常热烈。接着，松下幸之助说："我的旅行虽然很短暂，但却是我最难忘的记忆。现在，我把它买回来，是希望你们能够跟我一起分享快乐。"

员工们都很感动，这样的事情在公司里已经发生过很多次了，他们知道老板的这个举动不是逢场作戏。可以这样说，松下走到公司的哪个地方，哪个地方就谈笑风生，大家都很喜欢他的平易近人，而员工们也把公司当成自己的家，用认真和努力回报着老板的优待。

无论一个人的岗位和职务是什么，都有被人注意的强烈渴望。如果你想在工作中减少与同事、下属之间的摩擦，就要把自己看得小一些，把他人看得大一些；把责任看得重一些，把职位看得轻一些；把工作看得高一些，把地位看得低一些。如果这些你都做到了，你会是老板最青睐的优秀经理人，也会是员工心中最敬重的领导者。

战斗力来自人尽其能

任何一个组织都是众人的集合,有才华出众者,有泛泛如众者;有八面玲珑者,有谨小慎微者;有外向热情者,有沉默寡言者……可谓是性格迥异,各有不同。假设老板很看重你,对你委以重任,你是否有信心、有能力让各类人员都发挥出他们最大的潜能,依据情况的不同组建出不同模式的团队,完胜每一个艰巨的任务?

想坐上更高的职位,得到更多的器重,就要具备更强的能力。统筹能力,是上到老板,下到中层或团队主管必备的管理素质。日本索尼公司的名誉董事长盛田昭夫曾经说过:"公司的成功之道不是理论,不是计划,也不是政府政策,而是人,只有人才会使企业获得成功。因此,衡量一个主管的才能应该看他是否能得力地组织大量人员,看他如何最有效地发挥每一个人的能力,并且使他们齐心协力、协调一致。"

很多时候,不是下属想在什么岗位,你就给安排什么岗位;也不是你认为下属能做什么,就让他去做什么。在具体的实践中,要以每个下属的专长为思考点,安排适当的位置;要考虑每个下属的优缺点,进行机动性调整。只有让每个人发挥出最大的潜能，团队才能发挥出最大的效能。

马库斯·白金汉与柯特·科夫曼合著的《首先打破一切常规》中，有这样一个故事：

曼迪被提拔到公司的设计部门时，接手了一个叫约翰的员工。他被安排在一个重要的职位上，负责向客户提供建议。这里工作环境紧张而富有个性，同事们争先恐后地为客户设计出最巧妙的方案，只有约翰在苦苦挣扎。其实，约翰是个聪明人，他的才能足以胜任这项工作，可他在这个岗位上却什么也没做出来。大家都觉得约翰离解雇不远了，如果他不主动辞职，也很快就会被炒鱿鱼。

曼迪知道，约翰不是一无是处的，他有自己的亮点。在升职的前几个月，曼迪留意到，约翰曾经一度为一个很看重他的主管做事，并且做得很出色。两个人相互信任、默契合作，可惜就在约翰崭露头角的时候，那位主管却被调任新职，约翰故态复萌。

从这个细节处，曼迪断定，约翰是一个需要与社会有更多联络的人，他需要得到外部的认可。抓住了这一点，她对约翰的工作进行了调整，把他用在了对公司有重大价值的地方，即开发市场、拓展业务。

此后，约翰变成了一部销售机器。他天生善于和人打交道，询问他们的姓名，记住与他们有关的特别情况。约翰与公司几百位现有的以及潜在的客户建立了真诚的关系，在沟通交往的过程中，现有的客户对公司保持忠诚，潜在的客户对公司多了认可。曼迪的这一安排，不仅让约翰找回了工作的激情，也给公司带来了巨大的效益。

我相信，约翰身边的同事们看到他的转变和出色的业绩时，一定会觉得约翰能干。可作为整件事的旁观者，我们不得不说，约翰的成功其实也是曼迪的成功。如果不是她注意到了约翰的优势，为他提供一个可以发挥优势的平台，或许约翰就会成为人们口中所说的那个浑噩度日的失业者。

对企业而言，最重要的不是让每个员工都变得完美，而是让每个员工都发挥出最大的优势。当老板把一个团队交给你，而成员却总是完不成任务、做不出业绩时，你要做的不是苛责和训斥他们，而要扪心自问：每位员工的优势是什么？现在的岗位是否适合他们？这，才是你最重要的工作。

在老板眼中，你是不是一个出色的管理者，就看你有没有让每个下属都发挥出优势的本领；在下属眼中，你是不是一个出色的领导者，就看你有没有让他们在发挥优势的岗位上工作。作为一个团队的主管，你有选择的权力，也有安排的权力，至于你选择谁、怎么安排，直接决定着你能否有效地把他人的优势转变成公司的业绩。这个过程很重要，完全在于你的一念之间。

如果你想获得更大的成功，就要多跟团队中的员工沟通交流，了解他们的优势，并让他们在可以发挥优势的岗位上工作。如果你这么做了，你甚至无须去制定什么"发展计划"，也无须考虑产品该怎么卖出去，什么时候开发新产品，你心中期待的一切，都会在不知不觉中实现；你以往思考的许多问题，都会由那些具有优势的员工帮你完成。

力聚一处则胜

早年的一位同事不久前跟我聊起工作,满腹牢骚:"我们部门的员工,做事能力都挺强的,个个都算得上是精英,可是整体的工作效率就是上不去。老板一直向我要业绩,我也想出业绩,可真不知道怎么解决啊!"

其实,这不仅是他一个人面临的现状,许多中层管理者都为此愁眉不展。一边是紧催业绩的老板,一边是不出效率的团队。说员工能力不行,可每个人都不算太差,甚至有些还是骨干……问题究竟出在哪里呢?

只看到个人的力量,看不到群体的力量,这是最为根本的原因。

三个和尚在一座破落的庙宇里相遇,他们都很奇怪:这座庙为什么会荒废呢?甲和尚说:"一定是和尚不虔诚,所以诸神不灵。"乙和尚说:"一定是和尚不勤劳,所以庙宇不修。"丙和尚说:"一定是和尚不敬谨,所以信徒不多。"

谈过各自的看法后,三个和尚决定留下来,各尽所能,看看能否拯救这座庙宇。甲和尚诵经礼佛,乙和尚殷勤打扫,丙和尚恭谨化缘。渐渐地,来

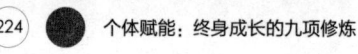

庙里朝拜的信徒多了起来，凄凉的庙宇又恢复了旺盛的香火。

境况得以改善后，三个和尚坐下来分析成功的原因。甲和尚说："都是因为我虚心礼佛，菩萨才会显灵。"乙和尚说："都是因为我勤奋修整，庙宇才会焕然一新。"丙和尚说："都是因为我四处化缘，信徒才会骤增。"

三个人都觉得是自己的功劳，这番争执迟迟不休，弄得谁也没心思再做先前的事。结果，没过多久，庙宇又恢复了往日的荒凉。直到分道扬镳的那天，他们才得出一致的结论：这座庙宇之所以荒废，既不是和尚不虔诚，也不是和尚不勤劳，更不是和尚不敬谨，而是他们不懂相互配合，各自争功，互不相让，凝聚力下降，使得庙宇无人问津。

企业是什么？团队是什么？是把多人集合在一起，相互配合，以期达到共同目标的一种组织。如果你不能统筹组织中的各个力量，将其凝聚在一起，让力气朝一个方向使，无论组织中有多少人才精英，也不过是一盘散沙。

一部质量过硬、深受好评的汽车，它的每一个部件都是上乘的品质，可如果你把这些零件分散地装到质量一般的车上，它未必能发挥多大的作用。车，不会因为一个好的零件而改变整体的质量。同样，一个组织、一个部门、一个小组，可能有不少优秀的人才，但他们是分散的，只有将其有机地组合到一起，形成"合力"，他们的优秀才能得到极致的发挥。

李先生是一家化妆品公司的销售经理，上任两年，就使公司的利润翻了一番。两年前，公司的业绩总是没有起色，老板辞掉了原来的经理，让李先生来收拾这个烂摊子。当时，不少人都劝他说："推掉吧，销售部已经换了两个经理了，都没把业绩做上去，你还是别去啃这块硬骨头了。"听到这些劝阻，李先生只是笑笑，心里却暗暗发誓："三个月内，我一定要让它起死回生。"

不少人抱着"看热闹"的心态，想瞧瞧李先生有什么回天之力。出人意料的是，他并没有传说中的"新官上任三把火"的劲头，上任的第一个月他什么都没做，就是按时上下班。大家还在奇怪："他到底想干什么呀？"

一个月后，李先生开始行动了。他取消了业务员单独跑业务的制度，而是将他们分成了几个小组，要求小组成员将各自的优点发挥出来，相互学习，弥补不足。结果，几个月下来，业务量就开始上涨。员工们都感觉现在的工作量跟以前没什么区别，可是业绩却有了提升，心里自然很高兴，干劲也提升了。

工作的内容没有改变，人员没有改变，改变的只是工作的方式。李先生把原来单枪匹马奋斗的业务员，巧妙地结合在一起，形成了"众人拾柴火焰高"的局势。力还是原来的力，可都用在了同一处，自然有了不可小觑的威力。

作为部门经理或团队主管，只拥有优秀的员工，不能保证高效、高质地完成任务，只有让员工真诚地配合彼此的工作，形成强大的合力，才能在工作中达到好的效果。老板对你委以重任，他想要看到的，也正是这种可以调动、利用所有优势的统筹能力。

把权力交给最优秀的人

如果你是一个中层管理者,每天穿梭于各个办公室之间,忙得不可开交,甚至到了"吃饭有人找,睡觉有人吵,走路有人拦"的地步,我想你应该停下来思考一下:你所做的事情中,有多少事是可以授权给下属的?有多少属于临时事务,打断了你计划中想做的事?

中层的职责是什么?是挖掘下属的潜力,给他们充分发展的空间,让他们的能力发挥到极致!是让自己从具体琐碎的事务中解脱出来,集中精力去谋全局、想发展、提升团队的凝聚力与战斗力!只有这样,才能打造出高效的团队,给企业创造更多的利润。

如何来实现这一点?让我们听听那些卓越的企业管理者是怎么说的吧!

著名企业家刘永行说:"企业做大了,必须转变凡事亲力亲为的观念。一定要让职业经理人来做,强调分工合作。原来我一个人管理十几个企业,整天忙得不得了。后来明白了,是我的权力太集中。所以,我痛下决心,大胆放权。放权之后,我每天有七八个小时的时间来学习。"

英国卡德伯里爵士说:"真正的领导者鼓励员工发挥他们的才能,并且不断进步。失败的管理者不给予员工决策的能力，并且奴役员工，不让员工有出头的机会。"

美国 GE 公司的首席执行官杰克·韦尔奇也有同样的观点："企业领导要抽出一定的时间和精力去寻找合适的经理人，激发他们的工作动机。"他认为，有想法的人就是英雄，而他的任务就是去发掘一些很棒的想法，然后完善这些想法，并以最快的速度将它们传递到企业的每个角落。

每个企业都有自己的特色，在管理上也必然会存在一定的差异，可纵观上述这些企业家的说法，我们不难看出，授权是任何一家成功企业不可或缺的管理方法，也是每一位卓越管理者必备的能力。

前北欧航空公司 CEO 卡尔森大刀阔斧地对航空系统进行改行，他依靠的就是合理的授权。当时，公司航班误点引发了乘客的严重不满，面对不间断的投诉，卡尔森决心要让北欧航空成为欧洲最准时的航空公司。愿景是很好的，可要如何来实现呢？卡尔森四处寻找能够解决此问题的人，最后找到了公司的运营部经理雷诺。

卡尔森对雷诺说："我们该怎样做，才能成为欧洲最准时的航空公司？我希望你能替我找到答案。几个星期后来见我，看我们能否实现这个目标。"

几个星期后，雷诺去见卡尔森。卡尔森问："怎么样？能不能做到？"雷诺说："可以，但需要 6 个月的时间，还可能花掉 160 万美元。"卡尔森说："太好了！这件事就交给你了，明天的董事会上我将正式宣布这个决定。"

大概 4 个多月后，雷诺请卡尔森检验他们这段时间的工作成绩。各项数据表明，北欧航空公司在航班准点方面已经成为欧洲第一。然而，雷诺要卡尔森过来的目的，并不只是让他看这些数据，更重要的是，他们在运作过程中，为公司节省了 50 万美元。

卡尔森看重雷诺的能力，选择把任务全权交给他处理，在宣布决定后，他并没有过多干涉，这就是"大胆授权，用人不疑"。这样做的结果，让雷诺感到自己受重视、被信任，激发了强烈的责任心与参与感。事实证明，他成功地帮助卡尔森实现了战略目标，并比预期中做得更好。

授权是一门管理艺术，但这并不意味着，只要你大胆授权，就一定能收获成效。想想卡尔森在授权之前做了什么？他四处寻找能够解决此问题的人，思虑周全后才把目光锁定在雷诺的身上。这无疑表明，一定要将权力授予能够胜任工作的人。

那么，如何对下属进行完整的评价，看其是否是最佳的授权人选呢？我认为，有三个因素是必须要考虑的：

1. 下属的工作能力

在授权时，一定要考虑到下属的工作能力。对于工作能力比较强，经常能超越预期完成任务的，不妨多授予一些权力，这样既能把事情办好，也能锻炼下属；对于工作能力较弱的下属，不适合一下子授予重权，否则的话，很容易出现失误。

2. 下属的个性特征

人的性格直接决定着他的行事作风，在授权时务必考虑到这一点。性格相对外向的员工，可授权让他去处理人际关系和部门之间沟通协调的事宜，这样成功的概率更大一些；性格相对内向的下属，可授权让他分析和研究某些问题；韧性比较强的员工，做持久、细致、严谨的工作，是再合适不过的了。

3. 下属的兴趣爱好

有兴趣，愿意做，才可能把事情做好。所以，在分派任务时，要充分考虑到下属的兴趣和特长。同时，要向下属做好说明，让他们觉得执行的目标对组织来说是合理的，一旦情况有变，即使他们不同意这种方案，还是会愿意接受授权。

杰克·韦尔奇有一句经典名言："管得少就是管得好。"

想要管得少，就得学会用人与授权。看准了的人，就放心并放手让他自主行事，把整个事情托给对方，交付足够的权力让他作必要的决定。如此，你缓解了压力，赢得了更多的精力，下属也获得了信任与激励，何乐而不为？